Maize Haploid Breeding

玉米单倍体育种技术

（第2版）

陈绍江　黎　亮　李浩川　徐小炜　编著

中国农业大学出版社

·北京·

内 容 简 介

　　近年来，以生物诱导为基础的玉米单倍体育种技术已逐步成为玉米育种的关键性技术之一。国内外许多研究机构和种业公司均已实现单倍体育种的规模化应用，成为现代玉米育种的核心技术。本书系统介绍了玉米单倍体育种的基本原理和应用方法，内容涉及单倍体育种技术的发展历史，单倍体诱导程序和特点，单倍体鉴别与加倍，DH 系管理，系统化与工程化构建等。本书力求兼顾科学性和创新性，为玉米育种者在阅读和应用时提供参考。

图书在版编目（CIP）数据

　　玉米单倍体育种技术（第 2 版）/陈绍江，黎亮，李浩川，徐小炜编著．—北京：中国农业大学出版社，2011.12（2017.10 重印）

　　ISBN 978-7-5655-0442-6

　　Ⅰ．①玉…　Ⅱ．①陈…　②黎…　③李…　④徐…　Ⅲ．①玉米-单倍体育种　Ⅳ．①S513.035.2

　　中国版本图书馆 CIP 数据核字（2011）第 237158 号

书　　名	玉米单倍体育种技术（第 2 版）
作　　者	陈绍江　黎　亮　李浩川　徐小炜　编著

策划编辑	席　清　梁爱荣	责任编辑	梁爱荣
封面设计	郑　川	责任校对	王晓凤　陈　莹
出版发行	中国农业大学出版社		
社　　址	北京市海淀区圆明园西路 2 号	邮政编码	100193
电　　话	发行部 010-62818525，8625	读者服务部	010-62732336
	编辑部 010-62732617，2618	出　版　部	010-62733440
网　　址	http://www.cau.edu.cn/caup	e-mail	cbsszs@cau.edu.cn
经　　销	新华书店		
印　　刷	涿州市星河印刷有限公司		
版　　次	2012 年 3 月第 2 版　　2017 年 10 月第 2 次印刷		
规　　格	850×1 168　　32 开本　　4.5 印张　　112 千字　　彩插 2		
定　　价	18.00 元		

图书如有质量问题本社发行部负责调换

第 2 版前言

自本书第 1 版出版以来,玉米单倍体育种技术在国内迅速发展,规模化应用和工程化育种模式业已显现。在此背景下,传统育种模式将难以适应日益复杂多元的商业化育种发展趋势。如何更新模式、优化系统、提高整体效率已经成为亟待解决的问题。而其效率的提高不仅需要关键技术的突破,而且也需要观念的更新。从当代国内外规模化育种实践来看,育种系统的先进性直接影响着育种体系的竞争力。因此,很有必要借鉴国外种业先进的研发模式和我国航天科技创新发展的经验,依托系统科学理论构建适于国内育种实践的新型育种体系,以此提升创新能力。

玉米单倍体育种技术本身尚处于发展之中,系统的创新与发展空间仍然很大。以先进的科学理论为指导,运用系统设计以及工程管理方法,深化育种系统工程研究与应用,将是该技术未来拓展创新的重要方向。基于这一思路,修订内容增加了单倍体育种系统化与工程化一章,以期促进系统科学在国内育种研究上的发展和应用,进而为从学科层面熟化育种工程学及相应育种工程人才培养提供一定的理论和实践基础。此次修订还提出了单倍体育种中可育单倍体与不育单倍体多重利用的思路,旨在融合主要传统育种方法于单倍体育种技术之中,形成以 DH 为核心,以 BH、CH、EH 等为补充的技术系统,充分发挥单倍体育种优势和整体效能。除此之外,还增补了近年来在单倍体诱导系和杂交种选育,自动化鉴别技术,生物学机理和遗传理论以及 DH 系分类管理方法等方面的研究进展,并由此进一步提出了新的探索性概念。其他章节也根据现实发展的需要进行了必要的补充,特别是进一步强调了单倍体技术在亲本纯化和玉米生产中的应用价值。

育种是种子产业转型发展的关键支撑点，单倍体育种能否成为玉米种业转型发展的重要技术突破口尚需在实践中不断探索。再版修订所提出的一些不成熟观点虽难触理窥道，然亦望能发微启新，为实践者提供新思考，为思考者提供新借鉴。同时，也希望读者能一如既往地对书中不妥之处提出批评建议。

此次修订得到了国家玉米产业技术体系、国家863计划等项目的支持，得到了全国玉米育种界同仁的关注以及实验室各位同学的协助，在此表示衷心感谢！

编　者

2011 年 10 月

第1版前言

近年来，以生物诱导为基础的玉米单倍体育种技术已逐步成为玉米育种的关键性技术。国外许多种业公司均已实现单倍体育种的规模化应用，成为可与转基因技术、分子标记辅助育种技术相媲美的现代玉米育种三大核心技术之一。

单倍体（Haploid）是指只具有配子染色体数目的细胞或个体。单倍体可以自然发生，也可以通过诱导产生。目前，玉米单倍体育种普遍采用孤雌生殖诱导系诱导产生单倍体。单倍体一般比较弱小，且表现高度不育，因此只有加倍成为二倍体才能恢复育性获得种子。加倍后所形成的系称为DH（Doubled Haploid）系，DH系表现整齐一致，可以直接用于育种，因此国际上称这一育种方法为DH育种（DH Breeding）技术。但鉴于国内习惯，本书仍然称之为单倍体育种（Haploid Breeding）技术。

本书系统介绍了单倍体育种的基本原理和应用方法，内容涉及单倍体育种技术的发展历史、单倍体诱导程序和特点、单倍体的鉴别与加倍、DH系管理、单倍体育种技术体系构建与优化等。

工程化育种是国际上大规模商业化玉米育种的主要方式，也是我国玉米育种方式变革的重要方向之一。单倍体育种技术既可提高育种速度，又易于规模化操作，其普及应用必将加快我国玉米育种的工程化进程，推进育种方式的变革。

目前，生物诱导的玉米单倍体育种技术发展迅速，编者在本书编写过程中也力求反映国内外最新相关研究进展。但由于时间和水平所限，书中难免遗漏抑或不妥之处，希望读者及时提出批评，以便修改订正。

　　本书得到国家自然科学基金、国家科技支撑计划和现代玉米产业技术体系的支持,在此表示衷心的感谢!

编　者

2009 年 7 月 26 日

目　　录

第一章 单倍体的相关概念及产生途径

第一节 无融合生殖与单倍体的来源

在植物界中存在着有性生殖、无性生殖和无融合生殖三大生殖体系。其中无融合生殖（Apomixis）是针对两性融合生殖而言的，指的是不通过受精而产生胚和种子的生殖方式。与有性生殖不同，无融合生殖没有实质性的两性融合过程；但也不是无性生殖，因为它通过种子或胚而不是以营养器官进行繁殖。现已在被子植物的 29 目 35 科 400 多种植物中发现了无融合生殖现象（Hanna，1987），但直到 20 世纪 70 年代，这项研究才逐渐转向应用。无融合生殖研究主要集中在三个方面，一是在无融合生殖植物（主要是禾本科牧草）中寻找有性生殖的基因型；二是在有性植物或近缘野生种中寻找无融合生殖材料；三是对无融合生殖进行遗传操作和育种应用研究（时光春，1995）。依据无融合生殖的来源及倍性，其分类见图 1-1。

孤雌生殖（或雌核发育）是玉米孤雌生殖诱导单倍体育种技术的生物学基础，孤雌生殖产生的原因主要与被子植物生殖过程中的雌雄配子体的双受精失败有关。所谓双受精是指一个雄配子与雌配子结合而另一个雄配子与极核结合的生殖过程，雌雄配子结合形成胚，雄配子与极核结合形成胚乳。如果雌雄配子没有结合或结合失败，雌配子（或助细胞等）就可能单独发育成胚形成孤雌生殖。

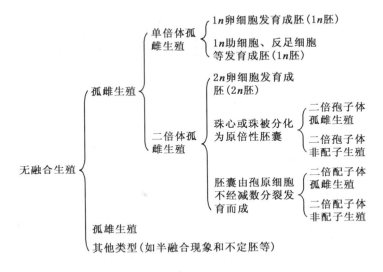

图 1-1　　无融合生殖的分类(刘飞虎等,1996)

　　为进一步理解双受精过程,首先了解一下雌雄配子发育过程。其形成过程如图 1-2 所示。

　　雄配子的形成基本过程是花药中的造孢细胞可以先行分裂几次,成为小孢子母细胞即花粉母细胞。小孢子母细胞减数分裂产生 4 个染色体数减半的小孢子。每个小孢子再进行两次有丝分裂形成雄配子体。其中第一次分裂形成一个营养细胞和一个生殖细胞。生殖细胞再行分裂一次,产生出两个精核,这时,小孢子才成为成熟的雄配子体。在玉米等禾本科植物中,生殖核分裂发生在花粉散落之前,而大部分双子叶植物却发生在花粉管中。因此,花粉粒从花药中散出时,可能含有两个细胞,也可能含有 3 个细胞。花粉发芽时,营养细胞和两个精核随即移动到花粉管的顶端。

　　雌配子来源于大孢子母细胞,通常大孢子母细胞来自于珠心

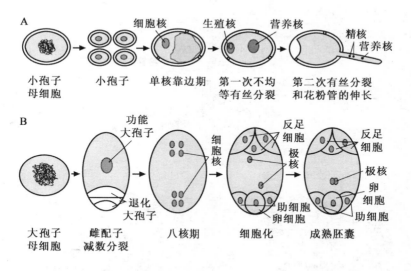

图 1-2　雌雄配子发育过程(Li and Ma,2002)

A. 雄配子的发育;B. 雌配子的发育

组织靠近珠孔的细胞,减数分裂后形成 4 个大孢子。其中最里面靠近合点处的一个大孢子继续发育,成为胚囊,其余 3 个退化。胚囊再连续进行 3 次有丝分裂,产生 8 个单倍体的细胞核,处在共同的胞质中,成为雌配子体。其中 6 个核形成细胞膜,3 个移向与珠孔方向相反的一端,成为反足细胞;另外 3 个移向珠孔一端,组成卵器,中间的一个为卵细胞或雌配子,两边的为助细胞。处在胚囊中心的两个核为极核。

　　双受精的过程如图 1-3 所示。花粉在雌蕊柱头上萌发形成花粉管,并沿花柱生长穿过珠孔而进入胚囊。花粉管在胚囊破裂,释放出两个精核,一个与卵融合,形成 $2n$ 的受精卵,将来发育为胚;另一个与两个极核结合,形成具有 3 个染色体组($3n$)的初生胚乳核。

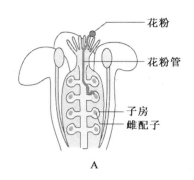

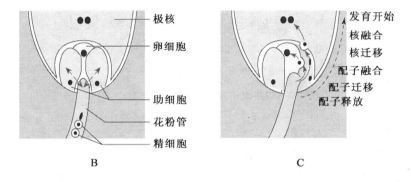

图 1-3 双受精过程(Berger *et al.*,2008)
A.花粉在雌蕊上萌发;B.花粉管进入胚囊;C.花粉管
释放出精核并分别与卵细胞和极核融合

　　孤雌生殖按照胚囊的不同来源可以分为单倍体和二倍体孤雌生殖。单倍体主要来自于已减数的卵细胞单独发育成胚,但也可能来自于助细胞、反足细胞的发育。二倍体孤雌生殖主要指未减数的卵细胞($2n$)发育成胚和二倍孢子体等。

　　需要指出,实际的双受精过程也会产生孤雄生殖(雄核发育)现象,正常有性胚囊中的卵细胞,因某种原因丧失功能,未能和精子结合,进入胚囊的一个精子占据卵细胞的位置,雄核单独发育形成单倍体的胚,玉米中的 *ig* 基因可以诱导孤雄生殖的发生。

第二节　玉米单倍体产生的主要途径

一、生物诱导途径产生活体单倍体

1.品种间杂交产生单倍体

早期的玉米单倍体主要是从品种间、自交系间或品种与自交系杂交产生的孤雌生殖单倍体。对品种间杂交产生单倍体的研究与后来诱导系的选育有很大的关系,而且孤雌生殖以及孤雄生殖诱导单倍体也属于品种间杂交诱导单倍体的范畴,具体的诱导过程将在本书第二章介绍。这里只介绍如何利用颜色标记鉴定单倍体以及品种间杂交诱导早期的一些研究情况。

由于单倍体的发生频率很低,在田间大群体中直接鉴别单倍体植株是不现实的,所以单倍体的鉴别需要借助于特定的遗传标记系统,称之为遗传标记法,该标记法最早由 Chase 提出。由A1A2BP1CRgPr 基因系统控制的紫色糊粉层、紫色胚根和紫色植株性状是非常明显的形态性状。以具有该遗传系统的材料为授粉者,以无色糊粉层、绿色植株材料为母本,所有的杂交子粒都具有紫色糊粉层,将子粒在避光下萌发后,杂合二倍体表现为紫色胚根,凡胚根为白色的都有极大的可能是单倍体,再经过田间植株鉴定即可予以确定。利用标记幼苗的方法来发现单倍体比较困难。考虑到这种方法的缺点,Chase 后来又提出了对子粒进行遗传标记的构想。

由 Nanda 等(1966)所提出的 PEM(Purple Embryo Marker)标记基因系统 BP1A1A2C1C2R-nj 在单倍体的鉴别中具有更加明

显的优势，这一标记系统能够在子粒胚乳顶冠糊粉层和盾片同时合成花青素，因而是子粒色素双标记性状。以具有这一标记系统的材料为授粉者与普通材料杂交所获得的子粒中，胚乳糊粉层有色而盾片无色的类型即可能为单倍体。利用这种方法可以在萌发前淘汰 98％ 的杂合子粒，使单倍体的鉴别效率大为提高。国内陈绍江等在 PEM 标记系统的基础上提出了包括胚油分标记的 PEM Plus 标记系统。另外，母本带有无叶舌（lg）或光叶（gl）等幼苗期容易观察的隐性性状也可以用来鉴别孤雌生殖单倍体，但具有这些突变基因的材料很少，且需苗期以后才易于识别，因而，它的应用范围有限。

借助于遗传标记系统，Nanda 等（1966）指出不同杂交组合中孤雌生殖单倍体的发生频率平均为 0.1％～0.54％，这与 Randolph（1940）所报道的 0.064％ 的平均单倍体诱导率比较接近。许多研究（Randolph，1940；Chase，1952；Seany，1955）均表明，单倍体的发生频率与杂交组合的双亲都有关系，不同授粉者杂交所产生的单倍体频率以及不同母本接受同一花粉所产生的单倍体频率都存在着显著差异，用经过改良的材料作母本所产生的单倍体频率要高于未改良的材料。在授粉者材料中，Chase（1949）发现当用一个甜玉米单交种作母本时，38-11 诱发孤雌生殖单倍体的频率可达 0.78％，比 A385 高 20 倍。尽管如此，单倍体的发生频率还是很低，难以满足科研和育种的需要。

2. 不定配子体基因诱导的孤雄生殖单倍体

孤雄生殖单倍体在玉米中发生的频率极低，据 Sarkar 等（1972）报道仅为 0.002 6％。但是 Kermicle（1969）所发现的一个不定配子体（Indeterminate Gametophyte）突变体 W23（ig）则可以增加后代中孤雄单倍体的发生频率，频率为 1％～2％。

不定配子体（ig）基因是从 W23 自交系中发现的一个自然突

变基因,已经被定位于第 3 染色体的长臂上。ig 基因具有以下遗传效应:ig 基因纯合体是雄性不育的;在 $igig$ 纯合植株果穗上有 50% 的败育或缺陷子粒;在 $Igig$ 杂合植株果穗上有 25% 的败育或缺陷子粒;在具有 ig 基因的雌配子体发育而成的正常胚乳子粒中,有 6% 具有双胚,少数情况下具有三胚或多胚;以 $igig$ 纯合体为母本,杂交可以产生 2.6% 的孤雄生殖单倍体和 0.6% 的孤雌生殖单倍体。Ig 是配子体表达的基因,因此只有在母本中才会产生上述效应,并且杂合状态下其作用减半。Ig 基因导致的不育性和子粒败育是鉴定杂交后代中是否具有该基因的重要依据。

从细胞学来看,ig 基因的作用是在胚囊减数分裂后的多核细胞时期干扰了把细胞核拉向两极的细胞骨架的功能(Enaleeva et $al.$,1995),造成了细胞分裂的紊乱。在所形成的超二倍极核中,$3n$ 极核与 $1n$ 精核结合形成胚乳缺陷型子粒,$4n$ 以上极核与 $1n$ 精核结合则胚乳不育(Lin,1984)。经过不正常分裂所产生的多个卵细胞或助细胞受精后形成双胚或多胚。另外,由于异常分裂大孢子中有的细胞核会发生退化(Lin,1981),受精后的精核即占据了退化核的位置,从而可以发育为孤雄生殖单倍体。

由于 ig 纯合体是雄性不育的,所以 ig 基因必须在杂合状态下才能保持,通常杂合体自交只能产生 25% 的 $igig$ 纯合体(Kermicle,1971),这给 ig 基因的应用带来了很大的不便。B-A 易位系 TB-3Ld 在 3L 上的易位断点与 Ig 基因位点紧密相连,并处在 Ig 与着丝粒之间,于是 Kindiger 等(1993)利用该易位系与 W23(ig)杂交,育成了一个三级三体保持系 3(ig)3(ig)B-3Ld(Ig)。由于三体 TB-3Ld 通过花粉传递的概率只有 2%,所以保持系与 ig 纯合体不育系授粉所产生的后代仍然有 98% 是纯合体。

孤雄生殖为细胞质的转移带来了便利,如以具有雄性不育胞质(CMS)的 W22($ig1/ig1$)为母本与一个正常的自交系杂交,其所产生的单倍体除了携带雄性不育细胞质外,核则来自于正常自交系,由此可以形成不同胞质背景的同型系。目前,这种三级三体系统已经导入不同类型的雄性不育细胞质。

Evans(2007)通过利用 W23ig 与 Mo17 构建一个 BC_1F_1 的分离群体,把 $ig1$ 基因定位于第三条染色体上位于 SSR 标记 umc1311 和 umc1973 之间,之后又通过 BLAST 比对发现该区域与水稻第一染色体上一段区域高度同源,从而利用这两个高度保守的区域克隆了 $ig1$ 基因,该基因包括 4 个外显子,编码的 mRNA 全长 1 264 个碱基。$ig1$ 基因主要在子房壁的横向区域、珠被和珠心的边界处表达。

3. 染色体消除获得单倍体

远缘杂交中,一种显著的异常染色体行为就是染色体消除。在染色体消除型杂交中,由于双亲体细胞有丝分裂过程中分裂周期的不同步,导致某一亲本染色体在有丝分裂过程中不断丢失,从而产生单倍体(李再云,2005),通常情况下父本染色体组配排除后丢失形成母本单倍体。Kasha(1970)首先报道了利用栽培大麦和球茎大麦杂交得到单倍体幼苗。Laurie(1988)利用小穗培养法首次获得了小麦与玉米杂交产生的小麦单倍体植株。国内孙敬三等也对小麦×玉米系统进行了系统的杂交试验,使之成为小麦单倍体诱导的重要手段(孙敬三,1998)。但是通过远缘杂交来获得玉米单倍体至今还没有报道。

同样在某些特殊材料中,采用种内杂交也可以获得单倍体。2010 年 Ravi 和 Chan 利用拟南芥着丝粒功能性蛋白 CENH3 的突变材料与正常的拟南芥材料做正反交,由于突变的 CENH3 蛋白不能结合到着丝粒上,造成突变体的染色体被排除,在其杂交后代中成功地获得了拟南芥的单倍体。而着丝粒功能性蛋白

CENH3 是任何高等植物中都具有的,这就为利用着丝粒功能蛋白突变来介导染色体排除了在其他物种中生产单倍体带来了光明的前景。

4.孤雌生殖诱导系杂交诱导产生单倍体

利用诱导系杂交获得单倍体是目前获得玉米单倍体的主要途径。所谓孤雌生殖诱导系是指用该系作父本杂交时,能够诱导其相应的母本产生显著高于自然频率的单倍体。其基本过程是以期望获得单倍体的材料为母本,用诱导系与之杂交,在当代杂交果穗上就可以产生一定比例的单倍体子粒。为了使单倍体子粒与杂交产生的二倍体子粒从形态上能够区分,需要借助一定的遗传标记。后来人们将显性遗传标记基因 $R\text{-}nj$ 和 P1 导入孤雌生殖诱导系。$R\text{-}nj$ 基因的效应是在胚中形成有色盾状体(紫色或红色),同时也能在胚乳糊粉层中产生有色顶冠,是双重遗传标记性状;P1 基因的效应是形成紫色茎秆。因此可以通过胚、胚乳以及茎秆颜色较容易地把单倍体鉴定出来。

二、离体途径获得单倍体

离体途径获得单倍体有两种方式,即花药组织培养和子房培养。花药组织培养是 20 世纪 60 年代后期发展起来的一种植物组织培养技术,其主要目的是为了获得大量单倍体植株,并加倍形成纯系,从而加快育种进程。印度学者 Guha 和 Maheshwari(1964,1966)首次培养毛叶曼陀罗(*Datura innoxia*)的花药获得单倍体胚和植株,此后不久烟草和水稻的花药培养也获得成功。我国的花药培养研究始于 1972 年,玉米花药培养技术是由我国科学家(中国科学院遗传所组织培养室,1975)最先发明的,经过不断地发展和完善,已经形成了一套可靠的实验技术体系(玉米遗传育种学编写组,1979)。总体上看,花药培养技术并不复杂。但这项快速生产纯系的方法之所以未能在育种中广泛应用,主要是由于它存在着以下 3 方面的问题:①基因型间愈伤组织的诱导率存在很大差异。已经证明这种差异是由少数遗传位点控制的,只有少数基因型能够诱导出愈伤组织,往往有育种价值的优良材料的出愈率很低,甚至不能诱导(Barloy,1989;Petolino *et al*.,1992;Murigneux *et al*.,1993a)。②愈伤组织分化的不确定性。愈伤组织并不总是分化形成正常的花粉植株。有的在转入分化培养基后既不生长也不分化,而是逐渐枯死;有的只分化出根而不分化出芽;有的形成白化苗或畸形苗。③愈伤组织培养期间容易发生体细胞变异,如基因突变、染色体结构变异以及倍性和非整倍性变异等。而如果利用直接再生系统培养就可以避免愈伤组织阶段的体细胞变异(Murigneux *et al*.,1993b)。

花粉植株都来源于单倍体花粉粒,所以不需要对后代的真实性进行鉴别。培养过程中愈伤组织细胞会发生一定频率的自然加倍。但是大部分花粉植株还需要进行加倍处理。

由于花药培养单倍体在育种中的局限性,人们开始对未授粉子房和胚珠培养产生兴趣,并开始探索诱导雌核发育的单倍体植株。在玉米上,敖光明等(1982)培养未授粉子房成功地获得了单倍体植株。Truong-andré 等(1984)对未授粉的玉米子房进行培养,发现当雌配子体处于成熟胚囊期时培养效果最好。黄国中等(1995)在离体条件下,利用 16 种不同的玉米材料,将未授粉的雌穗进行整个直插或切段直插培养,成功结实。但由于所需技术较为复杂,目前尚难以规模化应用。

三、化学和物理方法诱导单倍体

自从 1943 年细田友雄用 NAA 诱导水稻获得纯合二倍体以来,国内外研究者已经进行了上百种药剂在不同植物上诱导孤雌生殖的实验，其中玉米上也有很多成功的报道。Deanon 用 50 mg/kg 的马来酰肼溶液预处理甜玉米花柱，24 h 后授粉，后代中单倍体出现频率为 0.7%，比未处理对照（0.275%）提高了 2.6 倍（蔡旭，1988）。赵佐宇等（1984）用 40 mg/kg 的马来酰肼和 2% 的二甲基亚砜（Dimethyl Sulfoxide，DMSO，以下同）处理京黄 13、八趟白和金黄后 3 个材料的未授粉花柱，诱导雌穗发生孤雌生殖，获得了 19 个二倍体纯系。郭乐群等（1997）用同样方法处理玉米远缘杂种，获得了 0.041% 的孤雌生殖种子（对照为 0.008 3%）。刘晓广（1999）利用改进的配方（2% 的二甲基亚砜 20.2 mL，30 mg/kg 的马来酰肼 0.030 3 g，2% 的吐温 20.6 mL，600 mg/kg 的聚乙二醇 0.606 g）获得了 18 份玉米孤雌生殖自交系。

除上述提到的几种药剂外，实践证明，可用于诱导玉米孤雌生殖的化学药剂有多种，包括 MH、秋水仙素等和一些激素类药物。现有的大量研究资料表明，效果较为理想的主要有：40 mg/kg MH＋2% DMSO、2% DMSO＋0.1% 秋水仙素、40 mg/kg MH＋2% DMSO＋0.1% 秋水仙素、40 mg/kg MH ＋ 4%（DMSO＋MS 培养液）、0.01% DMSO ＋ 0.01% 甲烷磺酸、2% DMSO＋600 mg/L PEG＋2 mg/L 2,4-D。此外，MS 和 N6 培养液对玉米孤雌生殖也有显著的促进作用（王宏伟等，2001）。

显然，这种方法比较简便，只需要用适当的药物处理未授粉的花柱，即可以直接在果穗上诱导产生孤雌生殖二倍体纯系，逾越了玉米单倍体应用中的一个重要障碍——染色体加倍的困难。但是这种方法的诱导率很低，据赵佐宁等的试验，平均 5～6 个处理穗方可获得一个纯系。另外，不同基因型对药物的反应存在显著差异，有的比较容易诱导出孤雌生殖子粒，而有的则很难（Hu *et al*.，1991）。诱导产生的孤雌生殖子粒大部分是由体细胞发育而成的，并且有一半左右出现染色体倍性变异，由雌配子体细胞发育而成的单倍体或加倍形成的纯合体仅占少数(赵佐宁等,1988)。

在许多植物中,用射线照射过的花粉授粉诱导孤雌生殖单倍体具有显著效果。如片山义勇(1934)用 X 射线照射过的小麦花粉授粉,在后代中获得了 17.58% 的单倍体植株(蔡旭,1988)。胡启德等(1979)用 6 000 伦琴的 γ 射线处理普通小麦花粉,授粉后获得 7.5% 的单性生殖诱导率。在玉米中,Randolph(1940)分别对 5 个不同材料用 X 射线处理花粉授粉,所产生的孤雌生殖单倍体频率平均为 0.096%,比相应对照平均提高 50%,但是单倍体的数量却减少 20%。用射线照射过的花粉授粉之所以能提高单倍体的诱导率,可能既与精核受损有关(Kimber et al.,1963),也与射线处理导致结实率降低有关。另外,对花粉的射线处理还会造成显性标记基因发生突变,使遗传鉴别失效。

四、孤雌生殖诱导系杂交诱导单倍体的优越性

与其他几种方法相比,孤雌生殖诱导系杂交诱导产生单倍体具有以下优点:

(1)基因型依赖性较小,能在几乎所有的材料中诱导获得单倍体。

(2)随着诱导效率的不断提高,能够较为容易地生产大量的单倍体,以满足育种和理论研究的需要。

(3)诱导的单倍体基本上都是母本单倍体,而不像 W23(ig)诱导获得的单倍体既有母本单倍体,又有父本单倍体。

(4)在单倍体的诱导过程中,产生的单倍体有害突变效率较低。

(5)诱导系的保存、繁殖都很简单。

(6)诱导程序简单,操作非常方便,节省人力、物力,适合工程

化育种。

随着诱导率和加倍率的不断提高,孤雌生殖诱导单倍体应用范围愈来愈广。目前,国外的一些公司和单位都将这种方法视为玉米育种的常规方法,因此本书主要介绍与此方法有关的相关理论及技术要点。

第二章 单倍体诱导系的诱导原理与方法

第一节 孤雌生殖诱导系的发展历史

Stock6 是在玉米中发现的第一个孤雌生殖诱导系。由于最初的 Stock6 缺乏用以鉴别单倍体的遗传标记,后来人们通过导入不同标记系统先后育成 Stock6(C-I)和 Stock6(BPlR-nj)两种类型,它们几乎是目前所有孤雌生殖诱导系的原始祖先,以其作父本与任何玉米材料杂交的后代中,均可出现 1%~2% 的孤雌生殖单倍体,此后育种家利用 Stock6 作父本诱导了大量母本单倍体。尽管如此,由于 Stock6 具有很多缺点,如诱导率偏低,雄花对温度敏感、散粉性不好,自交结实性较差、保存种子困难,遗传标记较弱等,因此人们在此基础上不断选育更加优良的诱导系,以适应各个特定区域环境的需要。

在孤雌生殖诱导系的选育方面国外起步较早,研究较多的国家有俄罗斯(前苏联)、德国、法国、摩尔多瓦等国家。1969 年俄罗斯克拉斯诺伏斯克农业研究所的 Chumak 开始了玉米单倍体研究,之后 Shcherbak,Shatskaya 和 Zabirova 继续进行单倍体研究工作。他们利用 Chase 的 PEM(紫色胚标记)Stock6 及 1982 年从萨拉托夫大学 Tyrnov 和 Zavalishina 得到的几个 Stocks 作为原始材料,利用这些材料进行杂交和对后代的个体选择,选育了几个新的诱导系,命名为 EMK(Embryo Marker Krasnodarsky)或

ZMK（Zarodyshevy Marker Krasnodarsky）。1991 年选育的 EMK-1 单倍体诱导率为 6%～10%（Shatskaya，2004）。法国农科院 Lashermes 等从 W23ig 和 Stock6 的杂种 F_3 群体中，选育出了孤雌生殖诱导系 WS14（Lashermes，1988），其单倍体诱导率平均可达 3.5% 左右。前苏联学者 Tyrnov 等也选育出玉米孤雌生殖诱导系 KMS（Korichnevy Marker Saratovsky）（Chalyk，1994），单倍体诱导频率也达到 2% 左右。摩尔多瓦的 Chalyk 将 KMS 和 ZMS 杂交，从后代选育出了诱导率更高的 MHI（Moldovian Haploid Inducer），平均诱导率为 6.5%。德国的 Geiger 等人将俄罗斯的 KEMS 和法国的 WS14 杂交，最终选出诱导率为 8.1% 的新诱导系 RWS。德国的 Melchinger 等人在 RWS 的基础之上选育了诱导率更高的 UH400。张铭堂也选育出了诱导率较高的诱导系。

除了 Stock6 的来源外，1982 年萨拉托夫大学培育的 AT-1 系可选出 90%～100% 的母本单倍体，由于 AT-1 系的单倍体性质和二倍体种子稀少，面临失去这一品系的危机（才卓等，2008）。此外，由于高感瘤黑粉病，使其不能得到实际应用。当它被转入到一个抗性品系后，新筛选的品系的单倍体诱导率为 2%～3%（Tyrnov，1997）。目前所选育的诱导系主要还是来源于 Stock6。

诱导系的选育在我国研究起步较晚，刚开始时，中国农业大学、华中农业大学、河北农业大学、吉林省农业科学院、山东省农业科学院和辽宁省农业科学院等单位都先后从事了这方面的研究，因为起步较晚，难度较大，多数单位先后中断了此项研究。但是仍有不少单位坚持下来并取得了很大的进展。中国农业大学宋同明教授的课题组利用北农大高油种质和 Stock6 杂交选育成诱导率可达 5.8% 的孤雌生殖单倍体诱导系农大高诱 1 号（刘志增等，2000），填补了我国在这个领域的空白。陈绍江等在此基础上最近选育的二代诱导系诱导率可以达到 8% 以上乃至更高,并已在多家单位得到使用。吉林省农科院也选育出了诱导率高达 10% 的吉高诱 3 号。因此,现在很多育种单位又对此项研究重新重视起来,继续开始诱导系的选育工作。目前由中国农业大学牵头成立了全国玉米单倍体育种协作组,并向全国多家育种单位发放了农大高诱 1 号等诱导系,最近又选育出了新的高频诱导系及杂交种,相信在不久的将来会选育出更多优良的诱导系。

下面介绍几个主要诱导材料的选育历史,以期对今后诱导系的选育工作有所帮助。

1. Stock6

1946 年,Northup King 公司发现一个具有紫色糊粉层的玉米材料,表现为硬粒、白色子粒及粉质胚乳,因无育种价值,送给明尼苏达大学 Charles Burnham 教授。1948—1950 年,Coe 作为 Charles Burnham 的硕士研究生收集这个系统并命名为 Stock6。经过几年的试验发现,在这个 Stock6 自交系的自交后代中产生了 3% 左右的单倍体,进而用它作父本杂交,产生了 2.29% 的孤雌生殖单倍体,Coe 于 1959 年正式发表了这一结果。此后,为了鉴别单倍体,Nanda 和 Chase(1966)将 $R\text{-}nj$ 这一显性标记系统加入到单倍体的鉴别中,该基因的表达能使胚乳糊粉层与胚部均呈现紫色。后来人们将控制子粒糊粉层和胚色素形成的 ACR-nj 基因和控制不定根、叶鞘和茎秆色素形成的 ABPI 基因导入 Stock6,使之成为了具有子粒和植株显性双遗传标记的孤雌生殖诱导系。

导入标记基因后的 Stock6 存在许多缺陷,如花粉量很少、结实性差等。但是 Stock6 是目前几乎所有诱导系的祖先,后来的诱导系都是在其基础上经过一次次的遗传加工而得来的。

2. WS14

WS14 是一个法国的诱导系,由 Lashermes 等人在 W23ig 和 Stock6 的基础之上选育而来。其中 W23ig 是一个孤雄单倍体诱导材料,Kermicle 等人发现当 W23ig 作母本时可以诱导产生父本单倍体和母本单倍体(以前者占优),频率达到 3%。将两个诱导系杂交,然后每代从中选择优良的株系测验并杂交。在 F_3 代有一个株系表现比较高的单倍体诱导能力,从中不断自交并进行诱导率测验,选育出 WS14。当用 WS14 作父本时,诱导率为 2%～5%,个别穗子的单倍体频率能达到 10%。其中,诱导系选育中所用的测验种为无叶舌突变体(lg)和光叶突变体(gl)。

3. 摩尔多瓦诱导系

摩尔多瓦诱导系(Moldovian Haploid Inducer,MHI)由摩尔多瓦的 Chalyk 等人选育,其来源于两个诱导系 KMS 和 ZMS。KMS 和 ZMS 都是在 Stokc6 的基础上选育,两者诱导率相当,都在 2.5% 左右(1.7%～3.4%)。KMS 携带有 A1C1R-nj 标记基因,能够通过子粒颜色进行单倍体鉴定,ZMS 携带 a1B1P1 基因,可以通过发芽后 3～5 天的幼芽根的颜色来鉴定单倍体。将两者杂交(KMS×ZMS),然后不断自交,每代选择糊粉层及胚部标记非常清楚的株系,每代同时进行诱导率的测定。其中 F_2、F_3 代根据自发单倍体的多少来选择单株或株系,从 F_4 开始选取优良单株广泛地与不同背景的材料进行杂交来评价诱导能力。一直到 F_8 代,选取 14 个株系进行诱导率的测定。由于此时各基因位点差不多都已经纯合,因此诱导率的评价采取家系评价,将家系内的花粉混合进行授粉,选择两个自交系及其杂交种作为测验种。选取诱导率最高的一个诱导系命名为 MHI,平均诱导率约 6.5%。

4. RWS

RWS 是由德国霍恩海姆大学的 Geiger 等人选育,其来源于

WS14 和 KEMS，WS14 已在上面有所介绍，KEMS 由俄罗斯的 Shatskaya 等人选育。其选育方法如下：将 WS14 与 KEMS 正反交，然后分别不断自交至 F_5 代，从 KEMS×WS14 组合后代中选出一个诱导率最高的株系命名为 RWS。用两个带有隐性基因的材料作为测验种来进行诱导率的测定，其中一个测验种带有无叶舌的隐性突变，另一个是携带多个隐性农艺性状标记的特殊材料。

RWS 带有显性的 *R-nj* 基因，除此之外还携带有一个显性紫色茎秆的基因，可以弥补子粒标记的表达容易受到抑制的缺点。

RWS 的诱导率为 10% 左右。目前，德国的 KWS、法国的 Limagrain 等公司都是利用这个诱导系进行单倍体的育种工作。

5. 农大高诱 1 号及其衍生系农大高诱 2-5 号

高诱 1 号由中国农业大学宋同明教授等人历经多年选育而成，选育的基础材料为 Stock6 和北农大高油群体（BHO）。BHO 是一个高油改良群体，胚面很大，在田间曾经发现过自发单倍体。具体的选育方法如下：

在 BHO 群体内不同单株与 Stock6 的数十个杂交果穗中，选择其中子粒紫色标记最深的一个果穗作为选系的原始组合，利用这一组合在与 Stock6 回交 1~2 次，形成 F_1 自交、一次回交和两次回交三个选系基础群体。后代处理按系谱法进行，每代在选择诱导率的同时选择子粒标记、农艺性状等。其中诱导率的测验采用自选的黄绿苗自交系 Syn695yg。当用这个测验系作母本时，单倍体幼苗表现为黄色，杂合体幼苗表现为绿色，因此可以有效地鉴定单倍体。由此选育出一个诱导率较高的株系命名为高诱 1 号。

后来陈绍江等在高诱 1 号基础之上,结合诱导率、农艺性状,尤其是对油分进行选择,从中分离出综合特性比较好的高油型农大高诱 1 号,命名为农大高油高诱 1 号(CAUHOI),其含油量为 7.5% 左右。该系油分的花粉直感效应明显,可以用于单倍体的鉴别。其诱导率一般在 3%~6%,已经被国内很多育种单位及多家公司采用。农大高诱二代诱导系是在农大高诱 1 号和从德国引进的 UH400 基础上,选育出的新一代诱导系,其代表为从农大高诱 2 号至农大高诱 5 号的一系列各具特点的诱导系。UH400 是 Melchinger 教授课题组育种家 Schipprack 利用诱导系 KEMS 选育得到的。UH400 的诱导率较高,在不同母本材料背景下稳定在 8% 左右。但其雄穗的散粉受环境影响较大,繁殖性能较差,较难在国内直接规模化应用。农大二代诱导系诱导率更高、生长势强,抗逆性好、散粉性较好、自身花期协调,诱导率均可达到 10% 左右,有些背景下诱导率可以达到 18% 或更高。如农大高诱 5 号,诱导率稳定,农艺性状好和繁殖性能较好,*R-nj* 标记清楚。

6. 吉高诱 3 号的选育

吉高诱 3 号由我国吉林省农科院玉米所选育。1996 年,该单位从美国引入诱导系 Stock6,第二年从一批国外材料中发现 M278 的子粒带紫斑且能自发产生单倍体。以 Stock6 与 M278 为基础材料经过连续 6 个世代的选育,最终选出诱导率高、标记好、综合性状优良的株系命名为吉高诱 3 号。利用大量的自交系、杂交种及群体材料进行测验,吉高诱 3 号的诱导率处于 5.5%~15.94%。

各诱导系的诱导率汇总见表 2-1。

表 2-1　部分诱导系的诱导率统计

诱导系名称	诱导率/%	文献出处
Stock6	2.3	Coe,1959
ZMS	0.6～3.4	Tyrnov and Zavalishina,1984
WS14	3.0～5.0	Lashermes and Beckert,1988
5329C	3.05～18.57	Sarkar et al.,1994
KEMS	6.3	Shatskaya et al.,1994
MHI	5.5～6.7	Chalyk,1994
RWS	8.65～13.39	Geiger & Röber,2005
UH400	8～15	Prigge 等,2011a
农大高诱 1 号	1.9～9.2	刘志增等,2000
农大高诱 5 号	>8	黎亮等,2010
吉高诱 3 号	5.5～15.94	才卓等,2007

第二节　诱导系及诱导杂交种选育

　　孤雌生殖诱导系的选育是进行单倍体育种的首要条件。由于 Stock6 具有许多缺陷,因此不同国家的育种者在引入 Stock6 后又进行大量的选育工作,相继育成了诱导率更高的孤雌生殖诱导系。国内引入 Stock6 之后,已经开展了一些卓有成效的工作,选育出了可用于规模化诱导的优良诱导系。与常规自交系的选育相比,诱导系的选育在原理上没有本质区别,只是选育目标和具体方法上有所不同。随着单倍体育种在商业化育种中应用越来越广泛,诱导系杂交种的概念也逐渐被提出,并成为诱导系选育的一个新的方向。

1.诱导系选育

选育材料

已有研究结果表明,诱导能力是受少数主基因控制的,并可能受多个调控位点影响(详见本章第五节)。自然界中,许多品种或自交系作父本都能诱导出一定频率的单倍体,只是不同的材料诱导率差异很大。但是由于常规材料的诱导频率太低,改造周期太长,因此选育诱导系一般以 Stock6 或者其他诱导频率较高的诱导系为基础材料与其他材料进行杂交,通过选择以提高诱导率。

选育方法

与常规自交系的选育方法一样,诱导系的选育也可采取回交改良法、二环系选育方等方法进行。在选育目标方面,分离株系的评价不仅要考虑诱导率性状,还要考虑遗传标记的表达以及散粉性等农艺性状。由于诱导率在自交第一代或回交一代分离很大,因此早期主要以诱导率的选择为主,后期加强对农艺性状和标记表达进行选择。如果某个材料的诱导率很高,只是农艺性状不好,或者标记表达不好,往往采用回交改良的方法进行;如果要获得诱导率超亲分离的株系,则一般采用二环系的选育方法。由于诱导基因在后代分离群体中难以准确直观鉴别,因此,诱导系的选育过程中应尽量采用单株测验的方法。另外,中国农业大学已开始利用诱导基因分子标记进行诱导系选育,取得了较好效果。

遗传标记

加强遗传标记的选育是诱导系选育的一大特色,也是非常重要的方面。因为目前单倍体的诱导率最高也只有 10% 左右,即 90% 左右的杂交子粒都不是单倍体,只有通过一定的遗传标记将非单倍体去除。遗传标记的使用将大大减轻田间鉴定的工作量。诱导系遗传标记可以有多种,目前的体系主要有三种。一是仅用子粒颜色标记,即利用 R-nj 显性遗传标记系统,由于该基因在胚乳和胚上均有花粉直感效应,在授粉当代的子粒上显示紫色,因此可以用此鉴别单倍体。二是利用子粒和植株标记,其体系为A1A2C1C2P1R-nj 基因控制,首先根据子粒的花粉直感效应分选出可能的单倍体子粒,再经过胚根色素或苗期叶鞘色素以及茎秆颜色(由 A1A2BPl 基因控制)来判断单倍体植株的真伪。因此该标记系统是由两个不同的遗传标记性状组合而成的,具有较高的鉴别效率和可靠性。三是在前述诱导系遗传标记的基础上增加子粒成分如油分标记,可以同时通过油分和子粒颜色的花粉直感效应对单倍体进行筛选。中国农业大学选育的高油型诱导系即是根据此原理选育的新型诱导系。每种标记具体的原理以及应用方法将在第三章介绍。目前,子粒颜色及植株颜色的标记主要靠杂交测验,油分标记可用核磁共振仪进行测定。

测验种的选择

诱导系的诱导能力和标记强度都需要用一定的测验种进行测验。诱导系诱导能力的高低以及标记表达的强度除了取决于诱导系本身外,母本的遗传背景也有一定关系。因此,需要选用多个测验种测验才能客观地评价一个诱导系的诱导能力及标记强度。但是,在诱导系选育过程中分离群体的植株可能很多,一次进行多个测验种的测验较为困难。因此,选择合适的测验种将大大有助于提高选择的效率,同时减轻工作量。通过以往的选育经验,我们认为在选育的早代可以选择一个或者少数几个材料作测验种进行测验,称为早代测验种,早代测验种应当具备以下几个特点:单倍体被诱导频率较高以保证能够准确反映选系材料中不同株系间的诱导能力差异;标记清楚易于单倍体鉴定;结实性较好以保证诱导率的准确统计。晚代株系可以选择多个测验种进行测验。

　　测验种可以是杂交种,也可以是自交系或特殊遗传材料。当有的分离株系不具有遗传标记时,需要选择特殊的遗传材料作母本进行鉴定,这类材料通常具有隐性纯合的基因,产生的单倍体和非单倍体可以非常容易地从表型上进行区分。目前常用的特殊遗传材料测验种有黄绿苗、无叶舌等。

2.诱导系间杂交种选育

　　尽管目前诱导系的诱导率已大为提高,但许多诱导系的农艺性状特别是散粉性和抗逆性不甚理想。因此,在保证诱导率的前提下如何提高诱导系的散粉性和抗逆性显得非常重要。

　　杂种优势已经在作物育种及作物生产中得到广泛应用。利用杂种优势规律组配诱导系间杂交种以提高现有诱导材料的散粉性和抗逆性是一种有效可行的措施。目前已有诱导系间杂交种在国内外获得了一定应用。如德国的 Melchinger 课题组利用两个高诱导率诱导系 RWS 与 UH400 组配的诱导系间杂交种(Kebede,2011);中国农业大学也利用农大高诱系组配了多个组合,其中 2006 年组配的农大杂诱 1 号亲本为农大高诱 1 号与引进诱导系 UH400,该杂交种具有明显的生长优势,诱导率为 5%～8%,但该组合由于 UH400 繁殖性能较差而使其应用受到一定限制。近期在新选优良诱导系的基础上,又依据杂种优势类群选育出瑞得、黄改乃至糯质背景的专化诱导系,由此组配了多个诱导系间杂交种,其中由具有糯质背景诱导系 CAUWX-1 组配的农大杂诱 2 号表现出较强的优势,有望在育种上应用。

　　总体而言,由于诱导系来源较为单一,目前诱导系间杂交种的杂种优势利用水平尚需进一步提高。专门进行诱导系间杂交种选育的工作将会随着新诱导系的增加而有更大的选择空间。

第三节　单倍体的诱导程序

　　相比于离体培养单倍体,孤雌生殖诱导单倍体的程序非常简单,即用孤雌生殖诱导系作父本和希望获得单倍体的供体材料进行杂交,然后根据一定的标记鉴定单倍体。其诱导程序示意见图 2-1。

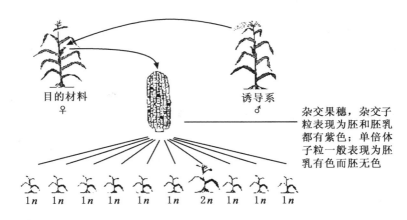

　杂交果穗,杂交子
　粒表现为胚和胚乳
　都有紫色;单倍体
　子粒一般表现为胚
　乳有色而胚无色

目的材料 ♀　　　　诱导系 ♂

$1n$　$1n$　$1n$　$1n$　$1n$　$1n$　$2n$　$1n$　$1n$　$1n$

图 2-1　孤雌生殖单倍体诱导基本示意图(根据原图修改,原图见
https://www.uni-hohenheim.de/ipspwww/350b/indexe.html)

　　从图 2-1 可知,在单倍体的诱导过程中,获得大量单倍体的关键是要保证杂交成功,因此需要注意以下 6 个因素。

1. 错期种植

　　由于父母本生育期的差异,播期的选择是保证花期相遇的关键,因此需要在对诱导基础材料和诱导系的生育期详细了解的基础之上再合理种植材料,以保证授粉。玉米花丝的生活力比较强,一般在吐丝后 6 天花丝仍能保证较好的结实率,但是很多材料若吐丝超过 8 天仍未能授粉,花丝活力急剧降低,造成结实率很低或者不能结实。据了解,RWS、UH400、农大高诱 1 号等诱导系的生育期都比较短,一般要晚播 7～10 天;为了保险起见,可将诱导系分两期种植,分别晚播 3～5 天及 8～10 天。而对于一些早熟材料的诱导系则可同期播种。

2.诱导环境的选择

规模化诱导需要有大量的花粉,因此需要对诱导系的种植地点和季节慎重考虑。如有的诱导系在北京春播条件下诱导系的农艺性状比较好,散粉性也很好;而夏播往往表现较差,甚至出现不能散粉的情况。但是不同的诱导系习性不同,需要小规模试种,了解诱导系特性,根据诱导系的特点制定出合适的计划。诱导地点不仅对诱导系的散粉性影响很大,而且对单倍体诱导率有重要影响。因此在商业化育种中,选择适合单倍体诱导的稳定环境专门用于单倍体诱导,从而实现单倍体诱导的基地化很有必要。

3.授粉方式

单倍体诱导可分为人工授粉和自然授粉两种方式。人工授粉是指吐丝期通过人工的方式进行授粉并套袋;自然授粉则是吐丝期时对母本进行去雄而进行开放授粉。目前人工授粉比较普遍,优点在于无需隔离,诱导系种子的用量少;缺点在于需要花费一定的劳动力,不适合大规模诱导。自然授粉的优点在于节省劳动力,适合于大规模诱导;缺点在于需要种植在隔离区,需要合理的错期以及田间种植规划,且所需的诱导系种子量较大。

4.田间种植规划

母本材料对于诱导率的影响也很大,不同材料之间诱导率存在很大差异,因此需要根据所获得单倍体的数量来规划田间种植,认为非常重要的材料需要多种植。假设诱导率为 5％,每个果穗 300 粒,每行 10 株,单倍体加倍率为 10％,要想获得 50 个 DH 系,则需要种植至少 35 株。总之,根据不同的育种策略以及材料来安排田间种植,以达到效率的最优化。

5.诱导系的繁育

一般而言,诱导率越高的诱导系,结实性往往较差,因此诱导系种子的繁育是一个问题。不同诱导系都有适合其自身容易繁殖的环境。通过多年的经验,我们认为海南冬季比较适合诱导系种子的繁殖,这可能与海南气候湿润、温度适中,无高温天气且昼夜温差较大有利于子粒有机物的积累有很大的关系。

另外,我们在生产上还发现诱导系的退化现象,也就是说一个诱导率比较高的诱导系在连续多代扩繁之后诱导率有可能会降低。这可能是由于携带有诱导基因的花粉传递效率低,在自交过程中外界常规花粉造成污染,非诱导基因在后代群体中所占比率将会不断增高,最终造成诱导系的退化。也有可能是其他原因导致诱导率退化。因此诱导系繁育过程中不断采取姊妹交、自交的方法,并不断进行单株测验以提纯。

6.基础材料的选择

与常规自交系的选育方法一样,利用单倍体技术选系应非常重视基础材料的选择。主要应该考虑诱导材料产生单倍体的能力以及选系材料的世代等(详见第六章)。

第四节　提高诱导效率的方法

诱导效率的提高可以大大提高单倍体育种的效率,同时可以节约育种成本。因此,如何提高诱导效率一直是人们探索的重要课题。归纳起来,主要可以从以下五个方面进行探索。

1. 选择合适的授粉时期

延迟授粉法的建议由来已久,因为成熟的卵细胞容易引起分裂,去雄后延迟授粉可以大大提高孤雌生殖的诱导率,而且延迟天数对诱导效果影响很大。19 世纪 40 年代中期,木原均在一粒小麦雄性不育系中发现,延迟 9 天授粉的诱导效果最好;中科院遗传所用黑麦和硬粒小麦给普通小麦品种间杂种 F_1 授粉,发现去雄后 8 天授粉效果最好;杜连恩等在普通小麦中诱导孤雌生殖,发现去雄后延迟 7~9 天诱导效果较好。Seany 等人也曾报道玉米中延迟授粉可以提高单倍体产生的频率,其中延迟 20 天授粉产生单倍体的频率是延迟 4 天授粉的 8 倍(表 2-2)。

表 2-2　不同延迟天数授粉单倍体频率比较(Seany,1954)

延迟天数/天	总数	单倍体数	频率/‰
4	31 296	14	0.44
8	29 764	11	0.37
16	8 311	6	0.72
18	14 489	21	1.50
20	6 366	22	3.50

但是我们在研究中发现,延迟授粉并不能提高单倍体产生的频率。在吐丝后不同时期以 CAUHOI 作父本和各杂交种的杂交结果表明,总体上表现为随着授粉时期的推迟,单倍体频率有降低趋势(表 2-3)。尽管不同时期的单倍体频率没有达到显著水平,不过由于授粉时间越晚,杂交结实数显著降低,因此早期授粉获得单倍体的数量显著高于晚期授粉。

表 2-3 吐丝后不同天数和 CAUHOI 杂交后的单倍体频率比较

授粉时期	总粒数	单倍体数	诱导率/%
0～1 天	12 956	241	1.86
3～4 天	5 924	94	1.59
6～9 天	4 550	51	1.12

Rotarenco 等人的研究结果也和我们类似。作者认为造成这种结果的原因主要是由于延迟授粉异雄核频率增加,导致单倍体频率减少,减少的幅度掩盖了母本延迟授粉本身单倍体频率增加的部分,导致整体还是单倍体频率的减少。

延迟授粉是提高还是降低了单倍体的发生频率有待于进一步验证,但是我们认为最佳的诱导时期还是吐丝后 3 天左右。因为不同材料的花丝生活力不一样,即使延迟授粉可以提高诱导率,由于总体结实率大大降低,最后导致单倍体的数量不一定提高。而吐丝 3 天左右正是花丝活力较高的时期,结实性好,这样获得单倍体的数量就比较多(表 2-4)。

表 2-4 吐丝后不同天数授粉对诱导率的影响(Rotarenco,2003) %

材料	2 天	4 天	7 天	10 天	平均
A464	7.3	5.6	3.9	4.6	5.4
A619	7.1	6.1	4.8	5.3	5.8
MK01	10.3	6.2	6.2	—	7.6
Mo17	6.82	5.4	—	—	6.11
Modavian450	6.2	4.4	4	3.8	4.5
Porumbeni295	4.3	2.9	4.5	3.3	3.7
Porumbeni359	7.0	4.2	2.6	2.9	4.1
Mo17×B73	5.5	4.2	—	—	4.8
总体平均	6.82	4.88	4.33	3.98	5.25

2.人工授粉

Rotarenco 等人的研究表明，人工授粉产生单倍体的频率显著高于自然散粉。作者利用不同的母本材料进行试验，发现人工授粉的单倍体平均诱导率为 6.37%，而自然散粉的单倍体平均诱导率为 2.87%（表 2-5）。作者同时认为，造成这种差异的原因主要是自然散粉，异雄核受精频率可能增加，从而降低了单受精的频率。这个结果对于采取何种种植方式以大规模产生单倍体具有一定的启示作用。

表 2-5　自然授粉和人工授粉单倍体频率比较（Rotarenco，2002）

基因型	单倍体频率/%	
	自然授粉	人工授粉
92	3.8	8.8
Rf-7	2.3	6
SA 群体	2.5	4.3
平均	2.87	6.37

3.长花丝授粉

文科等的研究表明，在花丝长的条件下授粉得到单倍体的频率比短花丝高。这可能是由于在单倍体的产生过程中，两个精核需要通过运输、释放、精卵识别和融合等一系列环节，其中任何一个环节受阻，双受精都会失败。而运输是一个最重要的环节，如果一个精核在运输过程中落后于另一个精核则可能会造成单受精，在花丝比较长时则会加强这种两个精核不同步的可能性，从而导致单受精的频率增加，产生的单倍体数增加。但是，目前越来越多的证据表明单受精并不是单倍体诱导的唯一原因（详见本章第五节）。此外，花丝越长会显著的降低诱导果穗的结实性(表2-6)。因此关于长花丝授粉效果有待于进一步研究。

表2-6 不同花丝长度对单倍体诱导率的影响(文科等,2006)

株系	短花丝(≤5 cm)					长花丝(≥8 cm)					诱导率差异/%
	株数	总粒数	单倍体数	株单倍体数	诱导率/%	株数	总粒数	单倍体数	株单倍体数	诱导率/%	
1	11	2 234	44	4.00	1.97	9	1 929	48	5.33	2.49	0.52
2	10	2 102	42	4.20	2.00	10	2 124	90	9.00	4.24	2.24**
3	10	1 978	51	5.10	2.58	11	2 199	84	7.64	3.82	1.24*
4	10	2 017	41	4.10	2.03	11	2 221	97	8.82	4.37	2.33**
5	10	1 827	48	4.80	2.63	10	1 999	85	8.50	4.25	1.62**
平均				4.44	2.24				7.92	3.86	1.62**

4. 选择合适的地点

不同诱导地点由于气候的差异对单倍体诱导频率也具有显著影响。2004年以CAUHOI为父本杂交诱导不同的杂交种的初步研究,我们发现海南冬季的诱导率可能高于北京春季(表2-7)。为了进一步验证上述两环境对单倍体诱导率的影响,我们选择胚部标记表达较好的杂交种郑单958和CAUHOI杂交。经过连续5年的实验表明,海南冬季的诱导率高于北京春季(表2-8)。可见诱导地点的选择对于单倍体诱导有重要影响。另外,环境因素对单倍体的鉴别标记也有较大影响。一般情况下,遗传标记在子粒能够充分发育的环境下表达也较好,如海南、西北等地。因此,通过选择适宜的诱导环境是提高诱导效率的一个主要因素。

表 2-7 不同地点对 CAUHOI 诱导率的影响 %

地点	GY115	ND108	1145×Y331	CD2621	CD2351	平均
北京	3.93	2.68	2.12	3.50	3.50	1.86
海南	4.83	2.76	3.83	4.37	3.81	3.39

表 2-8 不同年份北京和海南两地点间的诱导率比较

年份	地点	总粒数	单倍体数	诱导率/%
2005	北京	1 083	19	1.75
2006	北京	2 579	62	2.40
2007	北京	4 262	63	1.48
2008	北京	1 392	30	2.16
2009	北京	2 432	45	1.85
总计		11 748	219	1.86
2005	海南	17 397	609	3.50
2006	海南	6 369	246	3.86
2007	海南	2 400	50	2.08
2008	海南	3 411	102	2.99
2009	海南	1 932	62	3.21
总计		31 509	1 069	3.39

5.选择合适的诱导系

诱导系是影响单倍体诱导效率的最主要因素。除了对不同诱导系的诱导能力需要考虑之外,根据母本材料,诱导环境以及诱导方式等的不同可能需要选择不同的诱导系,从而提高单倍体诱导的效率。比如在北京夏季炎热的环境中诱导单倍体,需要选择抗逆能力较强的诱导系;当利用油分进行单倍体鉴定时需要选择高油型诱导系;当进行隔离区诱导单倍体时,需要选择植株高大的诱导系或者诱导系杂交种进行诱导。由此也可看出,将来发展不同类型的"专化诱导系"也是诱导系选育的重要方向。

第五节　单倍体诱导性状的遗传及生物学机理

虽然单倍体育种技术已经规模化应用于育种实践中,但是关于单倍体诱导性状的遗传机制与生物学机理仍然不是十分明确。对于诱导性状的遗传与机理的研究将大大有助于新型诱导系的选育以及单倍体诱导效率的提高。

1.单倍体诱导性状遗传研究

早期的研究已经证明,孤雌生殖诱导系 Stock6 的诱导能力是受遗传控制的。据 Aman(1981)等报道,包含 Stock6 的杂交后代经三轮诱导性状的全姊妹选择后,其诱导单倍体的能力平均从0.16% 提高到 3.6%,其中个别品系的诱导能力达 14.2%。他认为诱导能力是由具有加性效应的多基因所决定的,但是受环境的影响较小。Sarkar(1994)等以含有 75% Stock6 遗传成分的早代材料来杂交诱导单倍体,获得了平均 3% 的孤雌生殖单倍体。经过进一步选择后,诱导能力稳步提高,许多后代系的诱导率超过5%,最高者达 18.57%。由此可见,Stock6 的诱导性状是由核基因控制的,通过杂交可以转育,通过选择可以提高。

Coe(1959)利用 Stock6 与低诱导率(0.15%)材料 2689 杂交产生的 F_1 为授粉者,诱导无叶舌测验种产生 0.42% 的单倍体,表明诱导单倍体性状倾低亲遗传。而 Lashermes(1988)等通过对 Stock6 的 10 个不同杂交 F_1 诱导单倍体能力的测定发现,诱导力性状在 F_1 代呈显性遗传;进一步对(W23×Stock6)的 F_2 和 F_3 的分析指出,F_2 和 F_3 代的诱导率高度相关,并显示出诱导性状受三对显性基因控制的特征,其中一对基因对另两对基因具有上位性作用。目前几乎所有的诱导系都来源于 Stock6,但是诱导率都大大超过了 Stock6,仅仅用基因的加性和显性模型难以对此作出解释。

最近两年,单倍体诱导性状的遗传机制研究有了较大的进展。其中,中国农业大学利用单倍体诱导系 UH400 以及非诱导系 1680 组配分离群体来对单倍体诱导性状展开了遗传研究。1680 是由中国农业大学选育的高油玉米自交系,子粒油分含量为8.5% 左右。研究结果表明诱导率性状为偏低亲遗传,且遗传力较高。在该群体的 F_2 与 $F_{2:3}$ 世代分别检测到控制诱导率性状的主效 QTL qHI-1,该主效 QTL 位点位于第一染色体 1.04 区域,在 F_2 世代能解释表型变异的 51.52%,在 F_3 世代能解释表型变异的 48.40%。除此以外,还在其 F_2 群体中检测到一个表型贡献率为 6.48% 的微效 QTL,位于染色体的 3.02 区域,但是该 QTL 的效应来源于 1680。进一步研究发现,主效 QTL qHI-1 可能与玉米单倍体诱导能力的有无直接相关,而无诱导能力材料的某些位点对诱导率的进一步提高可能也具有一定的增效作用;同时在该研究群体中发现 qHI-1 区域以及与其连锁的分子标记附近区域也出现显著的偏分离现象,呈现出来源于诱导系 UH400 的等位位点 qHI-1 配子传递率明显降低的现象,而恰恰单倍体诱导率又是受主基因控制的,最终使该群体中诱导率的表型出现了显著的偏分离。由于这种偏分离的存在,因此利用常规选系方法选育诱导系时,分离群体中大部分待测单株并不携带诱导基因,或者不携带主效基因,需要扩大分离群体的规模。但是,由于诱导系的选育需要每代(尤其是早代)单株测验诱导率,选育规模越大所需的工作量越大。此外,由于诱导性状选育的复杂性,传统选择很难在选择诱导率的同时兼顾农艺性状等,造成诱导系本身适应性差。随着诱导性状的 QTL 定位及其深入研究，利用分子标记辅助选育诱导系已经成为可能。

　　为了进一步解释现代单倍体诱导系的诱导率（诱导率普遍超过 8％）相比于 Stock6（单倍体诱导率 1％～2％）诱导率大幅提高的遗传来源，该课题组构建了高频诱导系 UH400 与低频诱导系 CAUHOI（诱导率 2％）的分离群体进行遗传分析。在该群体中，单倍体诱导率趋向于正态分布，群体的平均诱导率为 5.2％，接近于中亲值。在该群体的 F_2、$F_{2:3}$、$F_{2:4}$ 世代，均在 9.01 区域检测到一个能解释表型变异 7.05％～17.22％的主效 QTL，该 QTL 对单倍体诱导率起到增效作用且来源于诱导系 UH400。包括这个主效 QTL 在内，共在 3 个世代内检测到了 7 个 QTL，但是没有在位于第一染色体 1.04 区域检测到主效 QTL。该研究表明 *qHI-1* 已经在两个诱导系中被固定下来。由此可推测，现代诱导系是在 *qHI-1* 基础之上又聚集了其他一些对单倍体诱导率起到显著贡献作用的 QTL 位点。利用以上两个主效 QTL 区域上的分子标记对单倍体诱导性状进行单倍体诱导性状的分子标记辅助选择，应当能大幅度提高单倍体诱导系的选育效率（图 2-2）。

　　2. 单倍体诱导性状生物学机理研究

　　针对单倍体诱导机理主要有两种理论：①单受精理论。诱导系产生的花粉中，有一些花粉中仅包含一个功能正常的精核，最终只有一个功能正常的精核能与卵细胞或极核结合。如果该精核与极核结合，而不与卵细胞结合，胚乳正常发育，卵细胞独立发育成胚形成单倍体子粒。②染色体排除理论。诱导系产生的双精核能正常的与母本的卵细胞与极核结合，但是在受精后的分裂过程中，受精卵中来源于诱导系的父本染色体被逐渐排除，而胚乳正常发育形成三倍体的胚乳，最终导致了单倍体的产生。

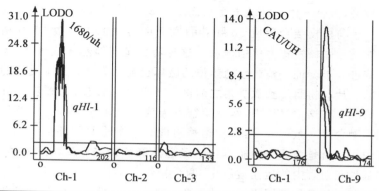

Population-Generation	Chrom. Bin	Pos. [cM]	SI	Flanking Marker	LOD	Type	Effect	Part. R² #
CAU-F₂	9.01	14	10-26	bnlg1272-umc1040	19.76	A	1.82**	17.22
CAU-F₃	9.01	8	0-28	bnlg1272-umc1040	6.88	A	0.92**	13.06
CAU-F₄	9.01	6	0-16	bnlg1272-umc1040	2.72	A	0.93**	7.05
1680-F₂	1.04	58	54-60	umc2390-umc1811	23.17	A	3.53**	51.52
1680-F₂	3.02	30	22-38	bnlg1325-umc1886	2.36	A	−0.82**	6.48
1680-F₃	1.04	58	54-60	umc2390-umc1811	16.80	A	3.50***	48.40

图 2-2　1680-UH400 与 CAU-UH400 自交群体的不同世代所检测到的主效或典型 QTL 位点

单受精导致单倍体的发生一直以来是人们的传统认识。各种研究均围绕着如何导致单受精而展开。例如，Bylich（1996）等在对孤雌生殖诱导系 Stock6 衍生系 ZMS 的成熟花粉细胞观察后发现，与对照材料花粉相比，ZMS 花粉除大部分表现正常外，还有 6.32％ 的花粉精核形态异常。在这部分花粉的两个精核中，其中一个形态正常，另一个形态要么偏大（可能尚未发育成熟）要么偏小（可能已经衰老）。这一异常花粉的比例恰好相当于 ZMS 诱导能力的两倍。如果两个精核与卵核和极核的结合是完全随机的过程，那么异常花粉中正常精核与卵核结合形成合子的概率为

3.16%,该合子由于胚乳未受精而不能发育成正常种子。同样这类精子与极核结合形成 3n 胚乳的概率也为 3.16%,这类单受精可能诱导卵核发育为单倍体胚。这种巧合是属偶然还是规律,还有待进一步验证。精核生殖单位的破坏也被认为是导致单受精的原因。从花粉萌发到双受精之前也会产生使卵细胞不能受精的异常情况。在这个过程中,两个精细胞需要通过运输、释放、精卵识别和融合等一系列环节,其中运输可能是一个重要的环节。花粉管的作用就是为两个精子提供一条通达胚囊助细胞的细胞通道。在玉米花粉管内的运输过程中,两个精细胞结伴而行或者形成雄性生殖单位是保证同步转运的重要条件。从玉米花粉粒萌发到花粉管到达胚囊,精细胞要在花粉管中穿行漫长的距离,在这个过程中两个精细胞和营养核只有作为一个整体即雄性生殖单位的形式而进行转送,才能保证双受精的同时性;否则,如果两个精子分开来运输,则落后的精子可能没有机会到达胚囊,结果是只有一个精子参与受精,当它与极核融合后就可能发育为单倍体子粒。刘志增等(2000)的研究通过对两精核进行 DAPI 荧光染色并在显微镜下测量两精核的距离,统计表明精核间距小于花粉粒平均半径组的分布频率与单倍体诱导率呈显著负相关,大于花粉粒平均半径组的分布频率与单倍体诱导率之间则表现出极显著的正相关。因此两精核的距离过大可能是单倍体诱导的机制之一。

　　染色体消除机制是远缘杂交作物中单倍体产生的主要原因。其产生单倍体的方式是远缘杂交时亲本一方的染色体在杂种合子或幼胚发育初期被有选择地消除的现象,是种间生殖隔离的方式之一。但是在同种间(如单倍体诱导系和普通玉米材料)相互杂交通过染色体消除途径产生单倍体则鲜有报道。

　　染色体消除理论只是近几年才被提出来。Wedzony(2002)通过对诱导系 RWS 自交授粉 20 天的子房压片,发现大约 10% 的细胞中出现微核。微核的出现通常被认为是染色体消除的重要标志。Fischer(2004)等人也通过分子标记表明单倍体中存在1%～2%的诱导系片段。华中农大大学的 Zhang 等(2008)等人的研究认为染色体消除是单倍体产生的主要机制,同时认为染色体消除是一个持续的过程。

中国农业大学的研究发现(Li 等,2009),在以郑单 958 和 CAUHOI 的杂交后代中,发现了一类似二倍体的单倍体子粒(经细胞学验证为单倍体),这些子粒在胚部有微弱的紫色标记,显著的区别于正常单倍体子粒(胚部无颜色标记)以及杂合二倍体子粒(胚部深紫色标记)。经 SSR 标记检测正常单倍体与拟二倍体单倍体子粒,个别单倍体中存在着诱导系片段的渗入。除此之外,利用高油诱导系 CAUHOI 的油分花粉直感效应能够显著的区分单倍体与二倍体子粒。控制胚部油分含量的基因 DGAT1-2 是由美国先锋公司克隆的子粒油分关键基因,在伊利诺伊高油群体及北农大高油群体中均可检测到 TTC 的三碱基插入,高油诱导系 CAUHOI 也可以检测到 TTC 的插入。在该诱导后代单倍体中发现了 1 个与父本诱导系 CAUHOI 一致的 TTC 位点。由于郑单 958 则没有此插入序列,该插入序列可能来自于父本基因组的 DNA 渗入。由此可以推测,在双受精之后发生了不同程度的染色体消除,如果染色体消除发生在早期,则产生的单倍体往往胚部无紫色标记,且子粒油分较低;如果染色体消除发生在后期,则由于胚中有部分的花青素及油分的积累,则可观察到部分单倍体子粒胚部有微弱的紫色标记,以及部分子粒表现为高油。

在玉米单倍体诱导中,仅从单倍体 DNA 的 SSR 标记检测结果无法判断父本片段或 DNA 以何种方式渗入母本基因组中。染色体消除只是其中的一种方式,也有可能父本的染色体在进入胚囊之前即发生解体或者断裂,这些染色体片段和母本的染色体发生某种形式的同源配对,从而将部分的基因渗入到单倍体中。在玉米单倍体诱导过程中可能存在着与 Gernand 等(2005)报道的小麦和珍珠粟杂交类似的生物学过程,在受精后父本染色体逐步消除。在染色体没有被消除之前父本的基因仍然可能表达,从而在单倍体子粒中出现了父本的性状,而在单倍体基因组中则可能检测不到这些基因。以上证据虽然表明染色体排除是单倍体诱导产生的原因,但是仍然不能排除单受精存在的可能性。为此,作者提出了染色体消除导致单倍体产生的模式图(图 2-3)。

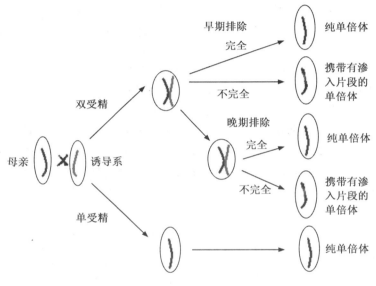

图 2-3　单倍体诱导产生的模式图

(引自 Li *et al*. 2009)

　　最后,就"孤雌生殖诱导单倍体"这个概念作一点讨论。在本书的开头就给出了孤雌生殖的概念,即指雌性生殖细胞不经过受精,在基因控制或其他外界刺激下而引起分裂直接发育成胚,并且其后代具有稳定的遗传组成。自从 20 世纪 50 年代 Stock6 开始应用以来,人们一直认为通过诱导系诱导的单倍体为母本单倍体,并通过表型鉴定、同功酶标记等验证不含有父本的基因。但是最近的研究发现,并不是所有的单倍体完全来源于母本的基因型,个别单倍体含有部分的父本基因片段。因此,"孤雌生殖单倍体"这个概念就值得推敲。为了和传统认识的概念相一致,本书中仍沿用这一概念。另外,如果诱导系存在双核与三核花粉,那么诱导系选育过程中,能否选育出双核与三核诱导系? 前者因只有单受精,没有父本 DNA 渗入,因而是纯孤雌生殖诱导系(或 Clean Inducer)。可见,基于进一步的机理研究,有可能为诱导系选育提供新的思路和方法。

第三章　单倍体的鉴定方法

科学家和育种家研究和实际利用单倍体的首要条件之一是能够进行单倍体的鉴定,因此单倍体的鉴定技术也是单倍体育种中的关键技术之一。众所周知,玉米单倍体为一倍体,只有一组染色体($n = 10$),在植株形态上表现为明显矮小,绝大部分单倍体雄花是高度不育的,只是在少数情况下,单倍体的雄穗会自发产生全部或局部二倍化。早期的时候人们都是通过田间植株形态及育性来判断植株的倍性。但是由于单倍体的频率很低,并且这种方法只有将种子种到田间才能进行判断,人们又通过将一定的遗传标记导入诱导系中,从而可以在子粒上就能进行判断是否为单倍体。目前,国内外各育种单位鉴定单倍体的方法主要是依靠子粒颜色标记的表达。但是这种方法仍不十分理想,因为很多材料的标记表达很弱,这样就导致鉴定效率很低。因此,人们又探索了其他的一些方法,如油分鉴定法、分子标记鉴定法等。此外,即使材料的标记表达非常清楚,目前单倍体的鉴定仍然靠人工鉴定,这是一件非常费时费力的事情,因此如何机械化鉴定单倍体也是今后努力的方向。

尽管目前常用的方法是遗传标记法,这里仍将可能用于单倍体鉴定的各种方法进行简单介绍,供大家参考,以期探索出更为有效的方法,从而提高单倍体的鉴定效率。

第一节　细胞遗传学方法

确定倍性最基本和最精确的方法是鉴定植物体细胞或减数分

裂细胞中的染色体数目。这种分析可以查明诸如整倍单倍体和非整倍单倍体，以及在单倍体中自发二倍化的程度和由此引起的组织混倍性。染色体计数通常用临时制片经醋酸洋红、苏木精或其他染料染色后进行。

幼嫩的根尖具有大量的分裂旺盛的细胞，是染色体计数的良好材料。针对不同繁殖方式的植物，可以采用不同的方式快速获得幼根。无性繁殖植物可以用扦插刺激根的形成。对于利用种子繁殖的植物，采用毛巾发芽法或者专用的发芽纸进行发根是非常有效的，在其上可以找到足够数量的旺盛生长着的根尖。染色体计数过程中，常以中期染色体为研究对象，但在整个细胞分裂周期中，中期细胞数目较少，且染色体因纺锤丝的牵连而紧密地排列在赤道板上，造成染色体计数及识别的困难。在根尖固定之前进行预处理可以改变细胞质的黏度，破坏和抑制纺锤体的形成，有效地积累中期细胞，弥补正常条件下分裂相较少的不足，使染色体适度缩短，并有利于分散。

对某些物种（番茄、甜菜），为了寻找分裂细胞，可以利用幼嫩的小叶子。如果在生长早期，在这些小叶中观察不到倍数性的特征，那么可以在开花期，在花粉母细胞减数分裂时按胚胎学方法进行鉴定。

利用细胞光度计法分析细胞核中 DNA 含量同样是十分精确的，但其工作性能暂时不能可靠地区分整倍单倍体和非整倍单倍体。如果组织中由于某种原因缺少分裂细胞（例如在分化后或受极端影响后），采用细胞光度计法是适宜的。该方法曾成功地用来鉴定天竺葵和烟草单倍体在组织培养中不同组织的倍性。

流式细胞仪（Flow cytometric measurement）也是很好的用来判断细胞倍性的方法。流式细胞仪是 20 世纪 70 年代初发展起来的一项高新技术，20 世纪 80 年代开始从基础研究发展到临床医学研究及疾病的诊断和治疗监测，它是从功能水平上对单细胞或其他生物粒子进行定量分析和分选的检测手段,它可高速分析上万个细胞,并能同时从一个细胞中测得多个参数,与传统荧光镜检查相比,具有速度快、精度高、准确性好等优点,成为当代最先进的细胞定量分析技术。它也可应用于倍性的判断上,通过对处于旺盛分裂期的细胞进行 DNA 含量的检测,从而检测单个细胞的总核酸量,与染色体计数法相比试样处理简单、快速、准确。但是由于流式细胞分析仪十分昂贵,目前的应用范围并不是很广泛。

第二节　形态学方法

1.形态学特征

利用确定染色体数目的方法确定植物的倍性精确但较复杂,在分析大样本量时有其局限性。利用形态学鉴定则可以有效地解决该问题。

单倍体在生长状态下,常常都比亲本的标准类型小得多。这种特性同植物部分或完全不育性的特性相结合可以比较容易发现在成长状态中的单倍体。Chase(1964)通过对 6 个玉米自交系及其相应单倍体的比较指出,单倍体玉米植株的株高、茎粗、叶长和各部分叶宽约相当于二倍体玉米植株的 70%,而雄穗分枝数、节间数、苞叶数、穗行数和每行小穗数约相当于二倍体玉米植株的 90%。单倍体玉米植株发育较快,开花期比二倍体早 1~2 天。Chalyk(1993)用 4 个玉米自交系及其单倍体所进行的类似试验发现,单倍体与二倍体的生长发育特性具有高度的相关性,单倍体的变异与二倍体大体相当,但是系间差异在单倍体水平上表现得更为明显。单倍体玉米植株各个部分成比例缩小是由于其细胞较小的缘故,而总的细胞数目可能并不比二倍体少。

总结起来,玉米单倍体表现为:生长缓慢,叶片上冲,叶片窄小,株高、穗位高都显著低于非单倍体。由于非单倍体是诱导系和被诱导材料杂交的二倍体子粒,具有一定的杂种优势,生活力很强,长势很旺(图 3-1,另见彩图 1)。因此,在六叶期左右就能比较容易地区分单倍体和非单倍体。

图 3-1 玉米单倍体的田间长势图

相比于正常子粒,单倍体的胚面较小,且往往成楔形,这可以作为单倍体的判断依据。此外,在种子萌发时通过观察根和芽的长度也可进行单倍体的初步判断,只是准确性不是很高。

2.解剖学特征

植株转变成单倍体后常常引起解剖学上的变化,这种性状对于需要选择倍数性的标本很重要,或当细胞学分析困难时,可以成功地用作鉴定特征。因此,经常采取分析气孔保卫细胞的大小和数目,这在单倍体上一般较小,而在单位面积上的数目却常常较多。根据气孔分析单倍体,在棉花、番茄、辣椒和玉米等作物上都有成功的应用。同样单倍体的体细胞、细胞核变小,叶绿体数目减少,花粉母细胞和淀粉粒等也都变小。

玉米单倍体的解剖学研究表明:

(1)一张叶片的不同部位上,观察到气孔保卫细胞大小的若干变异,因此在比较时,应从一定的部位选取所希望的表皮。同时,虽然气孔和表皮细胞大小同叶序之间的关系没有确定出规律性的变化,但为了在比较二倍体和单倍体时保持一致性,取样时要选取同一叶序数的叶片。

(2)根据解剖学方面的区别,二倍体与单倍体植株不同序列的叶片均有统计上的显著差异,但在目测鉴定时,差异不大。

(3)比较二倍体和单倍体植株,发现解剖学特征大小有明显差异。单倍体细胞变小,变动范围在 22%～40%内,这种差异可以很好地在显微镜下目测辨明。

(4)采用解剖学研究最适宜的是 3～4 叶期的单倍体,也可用2～3 叶进行分析。

第三节　放射性方法

种子、幼苗、成长植株随着倍性的增加可以提高对辐射的抵抗力,这种规律性同样表现在用射线照射叶片时。其原理是用电离射线照射叶子的一小部分,在被照射的部分开始看到褪色,而后产生辐射坏死由此判断倍性变化。过去这种方法是用于预先鉴定单倍体和多倍体的基本方法。不同的辐射剂量引起坏死的程度和速度不一样,当辐射剂量较低时坏死出现的速度很慢或者完全没有坏死,当辐射剂量较高时可能观察到坏死的速度差异明显。表 3-1 列出了 4 种作物在不同剂量下出现坏死的时间,可见玉米在 X 射线剂量为 210 千伦时,单倍体在辐射 2 天后就会出现坏死,而二倍体要 20 天才出现坏死。放射性方法在很短的时间里可以照射成百上千张叶片,因此成为快速分析方法。关于如何用放射性方法进行鉴定的具体程序参见其他参考书。

表 3-1　不同倍数植物放射性坏死出现的时间(照射后的天数)
(C.C.霍赫洛夫,1985)

种	X 射线剂量(千伦)	倍数性			种	X 射线剂量(千伦)	倍数性		
		X	2X	4X			X	2X	4X
辣椒	50	4	9	—	烟草之一种 *Nicotiana sylvestris*	50	2	6	—
	100	3	5	—		100	1	2	—
	150	2	3	—		150	1	2	—
	200	1	2	—	玉米	100	6	20	—
烟草	100	8	20	—		150	3	20	—
	150	5	20	—		210	2	20	—
						300	—	3	8

第四节　遗传标记法

遗传标记在植物育种中广泛应用,玉米上主要利用玉米紫胚和紫胚乳性状。因为紫胚性状是表现于子粒胚部的当代性状,可不借任何仪器进行直观识别,因此,把以紫胚性状为标记性状的遗传标记方法应用于无融合生殖研究,能使研究工作简便有效。

遗传标记法首先是由 Chase(1947,1949,1969)为了发现单倍体而提出来的,即如果希望获得母本单倍体,母本植株应具有隐性性状,而父本具有显性特征;相反,如果希望获得父本单倍体,母本类型必须有显性特征,而父本性状是隐性。在幼苗期分析这些杂交后代,所有带显性特征的幼苗,作为正常受精结果而产生的予以剔除淘汰,选出不带显性标记性状的幼苗当作假定的单倍体,以供进一步研究。最初,Chase(1969)用来鉴定单倍体的标记自交系,其特征是有基因 aBP1R 或 ABP1R(A,花青色基因;B,加强植株颜色基因;P1,植株紫红色基因;R,使植株和糊粉层带色的基因)。但是这种方法比较困难,因为必须催芽并分析大量幼苗。后来,Chase 又提出不在幼苗上标记而标记在子粒上的可能性。用带暗紫色盾片的自交系作母本,以含有抑制盾片色素基因的自交系作父本,杂交得到的种子,带色盾片的子粒可能是单倍体。但这种方法受到农业实践中所用品种和自交系不带有色盾片的限制。后来,人们将控制子粒糊粉层、胚芽色素形成的 ACR-nj 基因和控制不定根、叶鞘、茎秆色素形成的 ABP1 基因导入 Stock6 中,形成了具有子粒颜色和植株显性双遗传标记的孤雌生殖诱导系。

目前在孤雌生殖诱导系中普遍采用的是 A1A2C1C2BP1R-nj 显性遗传标记系统,它首先根据子粒 Navajo 标记性状(由 A1A2C1C2R-nj 基因控制)分选出可能的单倍体子粒,再经过胚根色素或苗期叶鞘色素(由 A1A2BP1 基因控制)的有无确定单倍体植株的真伪。因此该标记系统是由两个不同的遗传标记性状组合而成的,具有较高的鉴别效率和可靠性。根据诱导系的遗传标记系统,杂交所产生子粒可以分为以下 3 种类型:①胚盾状体和胚乳糊粉层均着色,为杂合二倍体;②糊粉层着色、盾状体无色素,这种类型子粒具有正常 $3n$ 胚乳,但胚可能是由未受精的雌配子发育而成的单倍体;③盾状体和糊粉层均不着色,属花粉污染所致。种植第二类子粒,如果幼苗叶鞘为全紫色的则予以淘汰,叶鞘为绿色的即为单倍体或双单倍体。利用这种双标记系统鉴别单倍体的准确率很高(图 3-2 和图 3-3,另见彩图 2 和彩图 3)。

但是这一标记系统中的子粒标记在不同杂交组合中的表现存在很大差异,在有些组合中子粒的糊粉层和盾状体均着色很深,而在另一些组合中则着色很浅或不着色。据 Röber 等的报道,在硬粒型玉米的单倍体鉴定效率显著低于马齿型玉米。

图 3-2 利用子粒颜色进行单倍体鉴定

（A.二倍体子粒；B.单倍体子粒）

图 3-3 利用植株颜色和长势鉴别单倍体

（箭头所示为单倍体）

　　造成这一现象的原因主要有以下 4 个方面(宋同明,1989)：①籽粒色素标记的表现受子粒的成熟度影响,成熟度越高、标记越深；②子粒色素基因的表达受增强基因和修饰基因的影响。Bz1 和 Bz2 两个显性基因对于花青素的合成不是必需的,但是它们可以增强色素的表达强度,当两个基因为隐性时形成褐色糊粉层。隐性基因 in1 的存在也具有增强色素表达的作用；③C1、C2、R、Bz1 和 Bz2 等色素基因的表达具有剂量效应。如两个或三个 C1 基因剂量时,糊粉层是深紫色,一个剂量时表现为淡紫色；④色素基因的表达还受抑制基因的影响。如 C-I 基因能够抑制 C1 基因的表达,从而抑制子粒色素的表现,显性基因 Idf 则具有抑制 C2 基因表达的作用。在硬粒型玉米中子粒色素抑制基因存在的频率比较高。由 ABP1 基因控制的植株标记系统受杂交母本基因型的影响比较小,是一个可靠的遗传标记,但是它的应用远不如子粒标记方便。因此加强子粒 ACR-nj 标记基因的表达或者导入其他标记性状是成功利用这一方法必须解决的技术问题。

　　在现有的显性遗传性状中,色素性状是最为明显的外在性状。而作为鉴别单倍体的标记性状,子粒标记应为首选。在 R 和 B 基因家族中,有一系列基因都能够同时控制子粒糊粉层和胚部形成色素。据 Styles 等(1973)报道,在 A1A2C1C2Pr1Bz1Bz2p1InPwr 遗传背景下,B-Peru(B 的等位基因)控制形成深紫色糊粉层,胚和盾状体也着色,植株为绿色；Rr-Ecuador、Rg-canada 和 Rsc(R 的等位基因)在糊粉层、胚和盾状体中均产生很深的紫色；R-nj 所形成的色素量最少。可见如果在诱导系中导入上述色素控制基因,有可能使子粒色素标记更加易于使用。但是在抑制基因 C-I 存在时这些基因仍然不能合成色素,而由 ABP1 控制的植株色素形成不受此影响。

第五节　油分标记鉴定法与自动化鉴别

目前单倍体的鉴定主要依赖于子粒胚和胚乳的紫色标记。但是在实践中发现,该标记系统的基因型选择性比较强,不同的材料标记表达差别很大,有的材料几乎不能用该标记进行鉴定;而且不同的环境条件对标记的表达影响也很大。另外,利用子粒颜色进行单倍体鉴定需要花费大量的人力、物力。子粒油分等化学成分亦可用于单倍体鉴别。子粒85%以上的油分存在于胚之中且变异性较小,对于依靠子粒颜色鉴定有困难的材料来说非常有用。

陈绍江和宋同明于 2003 年最先提出利用油分的花粉直感效应鉴定单倍体。油分的花粉直感效应指当用高油材料作父本进行杂交时能在杂交当代显著提高母本子粒的油分。因此,当用高油的单倍体诱导系作父本进行诱导时,杂交子粒的油分较母本自交油分大大提高,而单倍体子粒由于单倍性并且不存在花粉直感,因此油分较低,其利用模式如图 3-4 所示。子粒的油分可以用核磁共振仪或者近红外光谱仪进行测定(表 3-2)。

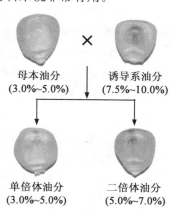

母本油分
(3.0%~5.0%)　　诱导系油分
(7.5%~10.0%)

单倍体油分
(3.0%~5.0%)　　二倍体油分
(5.0%~7.0%)

**图 3-4　利用油分鉴定
单倍体的模式图**

利用高油型诱导系高诱一号作父本和杂交种农大 108、郑单 958 及先玉 335 杂交。分别采用子粒颜色标记法和油分测定法进行鉴定,结果表明,油分测定方法的效率高而且稳定,每年的鉴定效率都在 90% 以上,不同品种间的鉴定效率差异不大。而通过子粒颜色进行鉴定的效率较低,且受环境的影响比较大,其中郑单

表 3-2　　高油诱导系的花粉直感效应（陈绍江，宋同明，2003）　　％

自交系	自交粒含油量	杂交粒含油量	差值	增加率
178	4.13	5.53	1.41	34.14
F135	3.75	5.30	1.55	41.33
Y331	3.28	4.51	1.23	37.50
8701	4.10	5.45	1.34	32.68
1145	4.06	5.51	1.45	36.25
平均	3.86	5.26	1.39	36.38

958 的鉴定效率最高，能达到 85％；而农大 108 的鉴定效率较差，在某些年份还不到 30％。这里"鉴定效率"是指通过颜色或者油分鉴定判断为拟单倍体中实际单倍体所占的频率，比如根据颜色判断有 100 粒拟单倍体，而根据染色体计数只有 50 粒为单倍体，那么鉴定效率为 50％。我们认为将子粒颜色和油分测定方法相结合，即先根据子粒颜色判断，然后根据油分测定判断，可大大提高鉴定效率。最近，基于核磁共振测油技术研发的单倍体自动分选仪器已经成功，每天的分选量可以达到 1.5 万乃至 2 万粒以上，为规模化的单倍体自动鉴别奠定了技术基础。然而，该技术只能筛选高油型诱导系诱导的子粒，由于其他大部分诱导系都是常规材料，能否利用油分进行分选仍需探索。不过，常规诱导系有可能利用其他方法如近红外测试技术等实现自动化筛选。

第六节　其他鉴定方法

除了以上介绍的几种方法外，其他生理标记也被报道可以用来进行单倍体的鉴定，其中目前利用除草剂的抗性进行鉴定比较广泛。德国的 Geiger 教授（1994）将一个携带抗除草剂 Basta 的自交系和诱导系 WS14 进行杂交并回交选育出一个具有 Basta 抗性并具有诱导能力的诱导系。当利用此诱导系与常规材料（一般是对除草剂 Basta 敏感的）进行杂交，杂交二倍体子粒由于携带抗性基因而表现出抗除草剂，单倍体子粒则表现出敏感。由此可见，通过利用除草剂的抗性也能非常有效地对单倍体进行鉴定。但是此方法必须在苗期进行鉴定，而且单倍体由于表现出敏感而被杀死，影响其后续的利用，因此具有一定的限制性。荧光标记也被推荐用来鉴定单倍体，但是现在还没有在实践中应用。

此外，利用分子标记进行鉴定也是一种有效的方法。目前，分子标记技术飞速发展，并被广泛应用于动植物的遗传研究中，其中现在在玉米中最稳定、应用最广泛的是 SSR 分子标记。SSR 标记的优点在于多态性高，且为共显性；对 DNA 的质量要求低，用量少；实验程序简单，重复性很好；结果稳定且成本较低。因此，只要筛选到诱导系和基础材料间合适的多态性的 SSR 标记，理论上单倍体只具有母本的条带，非单倍体都是杂合带型，因此可以很容易地用来区分单倍体和非单倍体。随着 DNA 提取技术的不断改进，尤其是子粒微量 DNA 提取技术的发展，这种技术应用的可能性将会大大增加。SNP 标记也可用于倍性鉴定，其原理和 SSR 标记相通。随着将来 SNP 标记的应用越来越广泛，以及分子育种的大量应用，利用分子标记（尤其是 SNP 标记）将倍性鉴定和基因型分析有机结合可能是未来的一个利用方向。

在形态标记方面，还可以通过室内发芽来鉴定单倍体。一方面通过生长势的强弱来鉴定，一般情况下单倍体的生长势比较弱，而杂交子粒的生长势比较强；另一方面可通过观察根部颜色来鉴定，如利用孤雌生殖诱导系高油型农大高诱 1 号在诱导单倍体过程中就可以利用此法来进行鉴定，由于该诱导系含有 A1A2BC1C2P1R-nj 基因，在这些基因的共同作用下，可产生紫色胚、胚乳和茎秆，在诱导过程中杂交子粒发芽时可在根部产生不依赖于日光的深紫色标记，在胚芽鞘尖端处也产生紫色标记，但胚芽鞘处的标记不如根部标记明显,通过这种方法可以将非单倍体筛选出来,准确率接近100%,这样可大大节约成本;但有些子粒发芽时在根部产生部分浅紫色标记,我们称之为拟单倍体(图3-5)。另外在田间,杂交的二倍体植株除了生长势比单倍体强外,一般部分根亦会呈现紫色,而单倍体一般没有紫色根出现(图3-5,另见彩图4)。

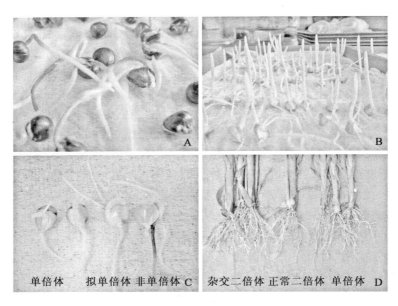

图 3-5　单倍体根部鉴定

A.诱导系根部颜色;B.农大 108 根部颜色;C.芽期单倍体与非单倍体根部颜色;

D.苗期单倍体与非单倍体根部颜色

第四章 单倍体的加倍方法

前面已经介绍了单倍体的诱导与鉴定技术,为了获得 DH 系,必须将单倍体进行染色体加倍。随着新型诱导系的选育,诱导效率以及鉴定效率的不断提高,单倍体的加倍技术是目前单倍体育种技术中的重要技术障碍。国外已经有很多科研院所以及公司将单倍体育种作为常规手段进行自交系的选育,但是这些加倍技术处于保密或者专利保护的状态而得不到应用。因此,只有发展具有独立知识产权的加倍技术,才能促进我国单倍体育种技术领域的进步。中国农业大学经过近几年的探索,初步建立了一套高效单倍体加倍方法。

第一节 自然加倍法

1. 玉米单倍体的育性表现

在第三章已经谈到了单倍体的育性。单倍体往往表现出高度不育,但是也存在不同程度的育性恢复,这为单倍体的自然加倍提供了可能性。

单倍体雌穗自发恢复二倍化的程度大大高于雄穗,单倍体能否自交结实主要取决于雄穗是否产生花粉。但是不同单倍体基因型间雄穗育性恢复的程度存在很大差别(图 4-1,另见彩图 5)。据 Chase(1969)估计,大约有 10% 的单倍体玉米植株能够产生可育花粉而自交结实。Shatskaya 等(1994)发现 613/2c4 所产生的玉米单倍体中有 22% 雄花育性自发恢复,而 Mo17、Ts8 和 Ts16 产生玉米单倍体的育性恢复率分别为 1.2%、5.3% 和 3.4%,从

613/2c4 与其他 3 个自交系的杂交 F_1 中所诱导出单倍体的雄花育性非常接近于双亲的平均值。另外,经过多次诱导产生的玉米单倍体,其育性恢复率比一般单倍体高 40%。

育性的恢复除了与基因型有关外,还与种植环境有很大的关系。因此,在育种中可以选择育性恢复能力强的材料开展单倍体育种,也可以选择适宜育性恢复的地点专门用于单倍体的加倍。

图 4-1　单倍体雄穗育性的恢复

A.完全可育;B.多分枝可育,花药多;C.只有一个分枝可育;

D.多分枝可育,花药很少;E.完全不育

2.玉米单倍体育性恢复机理

据 Ting(1966)对两株玉米单倍体小孢子减数分裂的观察,在偶线期有 56% 的细胞 10 条染色体以单价体的形式存在,33% 的细胞出现 8 个单价体和 1 个二价体,6％的细胞出现 6 个单价体和 2 个二价体,3％的细胞出现 7 个单价体和 1 个三价体,2％的细胞为 5 个单价体、1 个二价体和 1 个三价体。而且所形成的二价体和三价体也仅仅是染色体的首尾相连或环状配对,参与配对的染色体并不固定。在后期Ⅰ染色体随机分离,最常见的是 5∶5 或 4∶6 分离方式,在他所观察的 942 个细胞中没有发现 0∶10 分离方式。在后期Ⅰ单价体的姊妹染色体提前分离也时有发生,偶尔也会出现染色体落后。在后期Ⅱ姊妹染色体分向两极,而在后期Ⅰ已经提前分开的染色体则随机分离,由此所形成的小孢子是不育的。但是理论上 10 条染色体同时进入一个细胞的几率为 1/1 024,所以总有一定的几率会形成可育的配子。一旦单倍体细胞的染色体数恢复为 $2n$,则减数分裂亦恢复正常,所产生的花粉完全可育。

　　人们对单倍体自然加倍的机理一直不很清楚,但几乎所有作物的单倍体细胞都有自然加倍的倾向。Chalyk(1993)发现玉米单倍体的一些花粉在培养基上能够萌发,其数量足够自交所需。Gayen 等(1996)对玉米单倍体花粉母细胞的观察发现,细胞间有时会发生细胞质的融合,并且染色质从一个细胞转移到另一个细胞,认为单倍体的花粉育性和雌穗结实性的提高都与细胞融合有关。如果这一事实成立,那么 Chalyk 在玉米单倍体花药中所发现的可萌发花粉就是顺理成章的。在玉米雄穗上经常出现的整个小花可育、部分分枝可育、甚至于整个雄穗可育的现象,显然是由于不同时期体细胞二倍化的结果。Khoklov(1976)等检查了 17 800 个玉米单倍体的体细胞,发现有 0.42％的是二倍体细胞(Chalyk,1994)。可见,自然状态下单倍体体细胞也具有一定的二倍化倾向,单倍体的体细胞实际上可能是单倍与二倍的嵌合体,但是这一现象是否与细胞融合有关尚不清楚。Testillano 等(2004)研究了玉米离体培养早期小孢子胚胎形成中的染色体加倍,认为很可能是细胞核融合导致了染色体加倍。也有学者认为核内复制、核内有丝分裂、花粉管中精子和营养核的融合等因素都可能导致自然加倍的发生。

据报道,单倍体的育性恢复受遗传控制,并呈加性遗传的特点。对恢复机理的研究将大大有助于单倍体的自然加倍。

第二节　秋水仙素加倍法

与其他作物(如小麦、水稻)相比,玉米单倍体的化学加倍率相对是比较低的。这与玉米本身的特点有关,如不具有分蘖减少了茎尖加倍的几率,幼苗根系脆嫩使得处理后不易成活等;另外,玉米单倍体数量的限制也制约了加倍方法的探索。关于单倍体加倍的方法很多,应用物理和化学因素进行处理都可成功,但应用化学药剂更为有效,如秋水仙素、萘嵌戊烷、异生长素,N_2O 和除草剂等,都可诱发多倍体。其中秋水仙素(Colchicine)效果最好,使用最广泛。秋水仙素对植物种子、幼芽、花蕾、花粉和嫩枝都可产生诱变作用。目前有关玉米单倍体可行的化学加倍方法大致可以归结为以下 5 类。

1. 浸种法

浸种法是一种非常简便的方法,即将单倍体种子放置于秋水仙素溶液中进行浸泡,具体浸泡的程序、时间、浓度以及辅助处理是影响浸泡法效果的关键因素。Gayen 等采取 3 种秋水仙素浓度(0.03%、0.06%、0.1%),3 个处理时间(6 h、12 h、24 h)和在种子胚芽处切口与不切口,共 18 种处理组合来浸泡单倍体种子。结果以胚芽切口、0.06%的秋水仙素溶液浓度下浸泡 12 h 效果最好,有 18%的种子加倍成功。浸种法一般采取浸泡前用清水处理,种子吸胀,以减少种子对秋水仙素的吸收达到减少毒害的目的;在浸泡后也要进行清水处理,以减少对种子的毒害,同时也避免播种时对人体的毒害。

2. 注射法

注射法是指用注射器将适当浓度的秋水仙素注射到单倍体体内的方法。注射器选取常规的微量注射器,注射量取决于注射的浓度,一般为 0.1 mL。

秋水仙素的浓度、用量和注射时期都会影响处理结果。Chase(1952)用 0.05％的秋水仙素和 10％的甘油水溶液 0.5 mL 注射盾片节,发现处理比对照的结实率提高了 3 倍多。

注射法的优点是可以直接在田间生长的单倍体上进行,不必要进行育苗和移栽,用药量非常少,适合于大量材料的处理。但是,由于注射部位不易辨认,不同的植株间差异很大,因此对注射的技术要求比较高,如果处理时期把握不准,注射的部位把握不准,将大大影响此方法的效果。

3. 浸根法

浸根法是指用秋水仙素溶液浸泡单倍体根的方法。浸根法可以在幼芽期进行,也可以在幼苗期进行。Seany(1955)将单倍体幼苗的根系在 0.05％的秋水仙素溶液中浸泡 24 h,在 18 株单倍体中有 11 株部分雄花能够散粉,而 11 株对照中仅有 3 株散粉。Bordes 等(1997)用 0.15％的秋水仙素溶液浸泡 3 叶期的单倍体幼苗 3 h,使得 3 组不同来源单倍体材料的雄花可育率达到30％～60％,而 3 组未处理的雄花全部不育。文科等采取幼芽期浸根法,当种子发芽到 5～7 cm 时采用自编的带有小孔的铁丝网将幼芽固定而将幼根浸泡于秋水仙素溶液中,结果表明在秋水仙素溶液浓度为 0.02％时的加倍效果最好。

浸根法的加倍效果比较好,但是需要育苗、处理、移栽等繁琐的工作,而且移栽后幼苗的成活率会受到影响,处理所需药剂量比较大,成本较高。

4. 浸芽法

浸芽法顾名思义就是用秋水仙素浸泡幼芽的方法。浸芽法的具体程序如下：

（1）采用常规方法将单倍体种子发芽。

（2）当发芽到约 2 cm 时用刀片切掉幼芽顶端以露出一个小口（但不要伤害到嫩芽）。由于幼芽生长比较快，因此一定要注意把握好处理的时机，一般当幼芽为 1～3 cm 处理都可以。

（3）将切掉顶端的幼芽放在秋水仙素溶液（0.06% col＋2% DMSO）中浸泡 8 h。

（4）将浸泡后的幼芽在清水中冲洗 30 min 以上，而后种在育苗盘中，然后转移到温室发苗，在幼苗长到 4～5 片叶时移栽到大田。另外，处理后的幼芽也可以直接种到大田，但需要精细管理。

浸芽法是一种较为有效的加倍方法，其优点是加倍效率比较高，一般加倍率可以达到 30% 以上，但是处理程序比较复杂，而且对田间管理要求比较高，如果管理不好，幼苗的存活率就会降低。这种方法需要用到的秋水仙素溶液比较多，人体接触秋水仙素的机会也较多，因此在处理时一定要做好中毒的防范工作。

5. 辅助剂的选择

合理使用辅助剂尤其是助溶剂将大大提高秋水仙素的加倍效率。经常使用的助溶剂有二甲基亚砜、吐温、赤霉素等。

（1）二甲基亚砜（DMSO）。DMSO 是一种含硫有机化合物，具有高极性、高吸湿性、可燃、高沸点非质子等特性。溶于水、乙醇、丙酮和氯仿，是极性强的惰性溶剂，人们称其为"万能溶剂"，它是一种水溶性的化合物，能溶解绝大多数有机化合物，甚至对无机盐也能溶解。DMSO 之所以能提高秋水仙素的加倍能力是由于提高了溶液通过分生组织的穿透能力，并能使分生组织更加活跃，并能使分生组织更加活跃。

（2）吐温（Tween）。吐温是聚氧乙烯去水山梨醇脂肪酸酯，为非离子型的表面张力物质，常作助溶剂。吐温的编号依据和山梨醇所结合的脂肪酸种类不同而定。吐温 20 是结合月桂酸，吐温 40 是结合棕榈酸，吐温 60 是结合硬脂酸，吐温 80 是结合油酸等。

（3）赤霉素（Gibberellin）GA_3。赤霉素（俗称九二〇）是五大天然植物激素之一，是一种植物生长调节剂。它可以在植物生长发育阶段促进细胞分裂，因此被广泛应用于促进早熟、提高产量和打破种子、块茎、块根等器官休眠，促进发芽、分蘖、抽薹，提高结实率。特别对解决杂交稻制种中花期不遇有特别功效，在水果、蔬菜等作物上应用广泛。

第三节 其他细胞分裂抑制剂

秋水仙素不仅毒性很大，而且往往造成死苗、畸形等情况，因此人们开始寻找其他替代品，并筛选出了一些具有类似功能的细胞分裂抑制剂。其中甲基胺草磷（Amiprophos-methyl，简称 APM），拿草特（Pronamide）、安磺灵（Oryzalin）、氟乐灵（Trifluralin）是常用的几种细胞分裂抑制剂。

Wan 等（1991）研究发现上述四种除草剂对于玉米花药愈伤组织进行处理，均能表现出一定的加倍效果。APM 和拿草特能有效的诱导愈伤组织染色体加倍，并且处理后愈伤组织的生长及再生植株的生长发育都没有毒害作用。安磺灵虽然对染色体的加倍最有效，但是严重影响愈伤组织的生长。氟乐灵在低浓度下的染色体加倍效果差，但是在高浓度下又会严重降低愈伤组织的再生能力。据 Stadler 等（1989）报道，APM 是一种能有效干扰细胞有丝分裂并可能引起加倍的试剂，氟乐灵则效果不佳。这可能由于 APM 与微管蛋白有较强的亲和力，在较低浓度时，对微管蛋白的解聚能力更强，加倍频率更高，对植物的毒害作用也小（武振华，2005）。如 2003 年 Jakše 等用 50 $\mu mol/L$ 的 APM 处理洋葱的鳞茎获得了 36.7% 的二倍体植株。2004 年 Grzebelus 等的研究也表明在培养基中加入 50 $\mu mol/L$ 的氟乐灵，安磺灵或 APM 可获得在洋葱愈伤组织中可以获得最高的加倍效率（分别为 32.5%，34.9%，32.6%），但是由于 APM 对愈伤组织的毒害最小，认为

APM 是三者中最佳的加倍药剂。目前,许多国外研究机构正在积极开展利用除草剂等低毒药剂加倍的工作,其中 Häntzschel(2010)构建了一套基于流式细胞仪的高通量检测系统来评价不同药剂对玉米根尖的加倍效果,从而能够对药剂的加倍效果进行快速评价,使得规模化筛选加倍药剂或药剂间的组合成为可能。可见,如何利用除草剂等低毒药剂进行化学加倍是今后研究的重要方面。

此外,一氧化二氮 (N_2O) 也具有染色体加倍功能,日本学者Kato(1997)最早报道 N_2O 氮具有玉米苗期染色体加倍功能。Kato(2002)采用 600 kPa 的 N_2O 气体处理了八种不同基因型的六叶期玉米苗 2 天,其中 44% 的植株能自交结实,其中对照只有11% 的植株由于自然加倍能自交结实。N_2O 除在玉米中成功应用之外,在高粱、小麦、大麦上也有成功的应用。

第四节　组培加倍及其他加倍技术

前述各种加倍方法均是在单倍体子粒发芽后进行加倍,而实际操作过程中,某些材料即使利用秋水仙素进行药物加倍,加倍效率也较低。利用组织培养技术,可以获得同一单倍体的大量愈伤组织,再对这些愈伤组织进行培养基上加倍,从而快速高效地获得加倍植株。同时组培加倍各环节均在室内进行,易于控制环境条件,加之组培加倍的规模性,提高了加倍效率,因此可以利用一些低毒的除草剂类加倍药物来替代秋水仙素。组培加倍的基本流程与普通组织培养一致,主要技术难点体现在单倍体幼胚或愈伤的早期鉴别以及培养基加倍体系的摸索。

利用物理因素可使染色体组加倍,但频率很低,目前还没有找到有效的方法。利用 X 射线、γ 射线、中子等辐照处理,在促使染色体数目加倍的同时,也引起了染色体的损伤、断裂、丢失等,成功率也不高,结果不理想。据研究温度处理也有助于提高染色体加倍的效率。细胞融合技术也可用于获得纯合二倍体,目前在玉米中还没有这方面的报道。

单倍体育性的恢复涉及一个比较漫长的生长过程,从种子发芽到最后散粉的过程中各种因素都有可能影响到加倍效果。只有最后形成可育的花粉才能表明雄穗加倍成功。但是在加倍过程中发现由于环境等因素大量存在着花粉被花药包裹而可能不能正常散粉,因此除了依靠单倍体自身散粉之外,人工辅助散粉亦应予以重视。

第五节 影响化学加倍的因素

可用于单倍体加倍的细胞分裂抑制剂很多,这里只以秋水仙素为例作一个简单的介绍。秋水仙素的染色体加倍和多倍化的作用是通过与正在分裂的细胞接触,引起纺锤丝立刻缩减并且结构上也发生变化,细胞整齐地被阻止在分裂中期,因而使重组核具有加倍的染色体数。因此,凡是影响细胞分裂以及纺锤丝缩减的因素都会影响化学加倍的效果。

(1)既然秋水仙素对植物的刺激作用只发生在细胞分裂时期,而对于那些处在静止状态的细胞是没有作用的,这就说明,所处理的植物组织必须是分裂最活跃、最旺盛的部分才会有效。因此,通常用来处理的部分应当是萌动的或刚发芽的种子,正在膨大的芽、根尖,或幼苗、嫩枝的生长点。

(2)在秋水仙素处理下,细胞每分裂一次,则染色体加倍一次。如果处理时间延长,则细胞的染色体数便增加 1 倍。如果处理时间更长,则得到染色体倍数更高的多倍体。因此处理时间要控制好。同样药剂浓度也必须在适当的范围内,药剂浓度过高会发生毒害,过低则不起作用。采用多大的浓度和处理时的温度有很大关系。温度高,宜采用较低的浓度,若采用较高的浓度,毒害也重,以致使得细胞分裂完全停止或导致染色体一再加倍。如果应用的药剂浓度或处理时间不恰当,都会造成加倍失败。一般说来,秋水仙素有效浓度的范围是很广的,在 0.000 6%～1.6%的各级浓度都能使得植物加倍,处理时间在 12～56 h 都是可以的,但一般利用的是 0.2%～0.4%的秋水仙素浓度和 24～48 h 的处理时间,这样才能得到较好的处理效果。

　　(3)秋水仙素的适宜浓度和处理时间的长短随着植物种类、所处理的器官、药品的媒剂和处理时的温度的不同而有所不同。秋水仙素浓度在一定范围内与加倍效果成正相关,但浓度过高会造成药害;处理时间与加倍有很大关系,处理时间太长会加重药害,还会产生多倍体。反之,处理时间过短,则起不到加倍作用;提高温度可以促进染色体加倍,但同时也会加深药害,一般适宜的处理温度为略高于细胞分裂的临界温度(18℃)。采用变温处理,即在低温条件下(11～17℃)进行秋水仙素处理,然后恢复到常温下(25℃)生长,可有效减轻药害,刺激细胞分裂,增加细胞同步程度,减少混倍体,提高加倍效率(曹孜义等,1983);利用二甲基亚砜以及细胞分裂素与秋水仙素配合,能有效地提高加倍频率(白守信等,1979;Thiebaut 等,1979),小麦染色体加倍试验中 DMSO 的浓度为 1%～3%较为合适(李志武等,1996),该试验在玉米上所用的 DMSO 的浓度为 5%。各种被处理的植物对药剂的敏感程度不同,因而它的最低有效浓度也不同。一般来说,对草本植物浓度应低一些,用于木本植物的浓度就应高一些。例如,果树及观赏树木多用较高的浓度(1%～1.5%),而蔬菜及一般农作物则用较低的浓度(0.01%～0.5%)。另外,对植物那些比较柔嫩的组织或细胞分裂快的组织,所用的浓度也应低一些。而且每种植物都有相应的细胞分裂周期(杨世杰,2000),因此在处理一种植物的组织时,首先要注意这种组织的细胞"分裂周期"的长短,同时要考虑到药剂从细胞外进入到细胞内需要一定的时间,因此一般处理时间要长一些,大约要长 4 h。如果处理的时间超过了这种组织细胞的分裂周期,就可以形成比增加一倍更高倍数的染色体,反之,则加倍不成功。种子由于有种皮包裹,因此用秋水仙素处理种子时,一般不少于 24 h。

　　(4)经过秋水仙素处理过的材料,首先要用清水充分冲洗,除去残存的秋水仙素,以免继续作用而抑制植物细胞分裂和生长,此外,对处理过的植物,还应注意提供良好的生活条件,因为植物经秋水仙素处理后,其生长便会受到一定的影响和抑制,影响处理材料成活的条件很多,但以温度条件最重要,通常以 25～30℃ 为好,因为在此温度下细胞分裂旺盛,容易恢复生长,过低和过高温度都不适宜植物生长。

　　此外,植物生长点分生组织是由三层细胞组成的,第一层,也就是最外面的一层,以后发育成营养器官,而第三层,也就是最里面的一层,才发育成生殖器官。因此,加倍处理必须使秋水仙素的作用达到分生组织的深层,并使第三层组织有更多的细胞加倍,只有这样,植株才能在将来产生加倍的配子,从而得到加倍的种子。还需指出的是,使用秋水仙素加倍时,整株二倍化的情况是极少的,这是因为秋水仙素只能使正在进行有丝分裂的细胞染色体加倍,而生长点中的所有细胞并不都是同时进行有丝分裂的,因此,只有部分细胞能够加倍,也只有从这部分细胞产生出来的枝、叶、花、果才是二倍体的;生长点其余未加倍的细胞产生出来的枝、叶、花、果仍然是单倍性的。所以整个植株的倍性是嵌合体,往往是一个花枝加倍,而别的花枝仍然是单倍性不结实的,或者整个花序只有一两朵花加倍,甚至在一朵花内只有一个花药加倍能产生正常花粉。有时虽然个别细胞加倍了,但它与花的形成无关,因而也是无效的。

第六节　加倍材料的表现与管理

　　目前的研究表明,秋水仙素仍然是最为有效的单倍体加倍试剂,但是其毒害明显,主要表现在:田间植株成活率降低,幼苗幼嫩的生长点枯死并导致植株死亡,或者在基部发生分蘖从而长出新的植株(图 4-2,另见彩图 6)。处理植株的叶片大都为畸形,要么偏大,叶片肥厚、色深,叶片较宽、较大或有皱折;要么偏小,叶片色浅(图 4-3,另见彩图 7)。处理植株的雌雄穗分化发生异常,雄穗雌性化和娃娃穗增多,还有的雄穗因受药害较重而过早枯萎(图 4-4,另见彩图 8)。加倍成功的单倍体主要表现在能散粉,但有不少植株雄穗散粉太少或太快难以与雌穗协调,从而影响了加倍的成功率(图 4-5,另见彩图 9)。

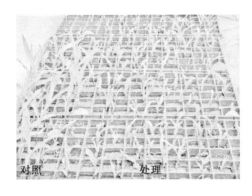

图 4-2　秋水仙素处理后幼苗表现

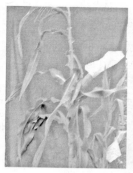
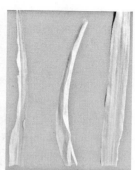

图 4-3 秋水仙素处理后叶片表现

图 4-4 秋水仙素处理后雌雄穗表现

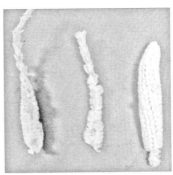

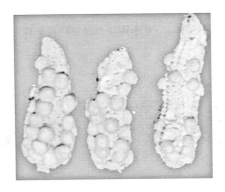

图 4-5　单倍体植株的田间散粉和结实情况

　　单倍体加倍中即使只有一个花药散粉其花粉量往往也能保证自交结实。因此,加倍的成功与否很多时候是有和无的区别,"有"是指有花粉,而不是育性的完全恢复达到大量散粉;"无"是指完全不散粉。然而单倍体育性的恢复涉及一个比较漫长的生长过程,从种子发芽到最后散粉的过程中各种因素都有可能影响到加倍效果。由此可见,加倍材料的观察与管理是单倍体加倍中的重要一环,一般应注意以下事项。

1. 加强田间管理

单倍体生长健壮对育性的恢复非常重要,因此一定要保证单倍体生长所需的优良土壤和气候条件。种植单倍体的地块需要精细平整,保证基肥充裕与水分充足,并及时追肥、除草等。如果是幼芽或者幼苗处理需要移苗,则一般选择在下雨之前或者阴天的傍晚进行,移苗之后要少量多次浇水以保证存活率。有条件的地方可以盖上遮阳网等。

2. 田间去杂

不同的材料鉴定效率不一样,即使鉴定效率很高的材料种植在田间也难免有杂株(即非单倍体植株),因此在播种或者移苗时一定要考虑到杂株的多少来安排田间种植密度。去杂一般在 7～8 叶期进行。一般杂株长得比较高大,而且茎秆多为紫色。如果植株绿色且高大就有可能是花粉污染导致的杂株,但是这种情况一定要和单倍体的自然加倍分清楚。在早期自然加倍的植株也往往表现得比较高大,但是与花粉污染的杂株相比,自然加倍植株比较清秀,且株高偏低。去杂最好分期进行,由于往往不能一次性全部对杂株进行辨认,有些不好辨认的可以留在后期借助散粉性、株高等进行辨别。

3. 精细授粉

单倍体不同单株的育性恢复程度不同导致散粉性也大不一样,有的植株散粉性很好,雄穗所有分支都能散粉且花粉量很大;有的则只有一两个分支能散粉;还有的只是花药外露,但是不能散粉;更有甚者花药不吐露。因此,针对不同的情况要采取不同的授粉策略。前两种情况一般都能正常授粉结实,但是后两种情况则需要人工辅助的手段进行,授粉时可以准备一把镊子将花药撕开,抖出其中的少量花粉涂抹在花丝上。这个过程中要注意彼此间串粉,每次授粉后都需要用酒精擦干净。单倍体授粉往往需要多次授粉,才能保证结实。

第五章　　DH 系表现与应用

　　单倍体加倍形成的二倍体称作双单倍体(Doubled Haploid, DH)，由双单倍体繁殖所产生的后代系称作 DH 系。DH 系的特点是系内整齐一致，无杂合基因位点，因此，不论是在育种实践中还是在基础研究中，与经过多代自交而产生的系相比具有一定的优越性。采用 DH 系已成为北美(Seitz，2005)和欧洲(Schmidt，2004)商业化育种的主要选系方法。

第一节　　DH 系世代数标示

　　Jenson 早在 1974 年就提出了标示 DH 系产生的方法，但这种方法的第一个记号容易引起混淆，例如 $112 \times H_0$，可以认为是 112 个单倍体，也可以认为 11 个加倍的单倍体，还可以认为是 1 个十二倍体。Friedt 和 Foroughi-Wehr(1981)利用字母加数字的方法($A1，A2，A3$)来表示孤雄生殖不同的世代，但这种标示系统不能表明倍性水平。因此，就需要一种精确、简便标示 DH 的方法。由于"Doubled-Haploid"缩写为 DH，已广泛接受，因此 DH 是最好的标示。最初的单倍体植株标示为 H_0，H_0 加倍的植株为 DH_0，产生的种子为 DH_1，DH_1 种子萌发产生的植株则为 DH_1 的植株，自交繁殖的种子为 DH_2，以此类推 $DH_3，DH_4，\cdots，DH_n$，下标就表示了 DH 系的世代数。

第二节　DH 系与常规自交系比较

1. DH 系表现

DH 系从田间表现来看,后代 DH 穗行内,株高、穗位、株型等性状表现非常一致。从其分布来看,性状表现基本上为正态分布。刘玉强等对 92 个 DH 系两重复间株高、穗位高、穗长、穗行数、穗粗和播种至抽雄天数 6 个重要农艺性状的考察表明,DH 群体 6 个农艺性状均为连续分布,除穗长外均符合正态分布(株高、穗位高、穗长、播种至抽雄天数的分布如图 5-1 至图 5-4 所示)(刘玉强,2005)。由表 5-1 可以看出 DH 群体和 RIL 群体除穗行数外其余 5 个性状的平均值均略高于中亲值。

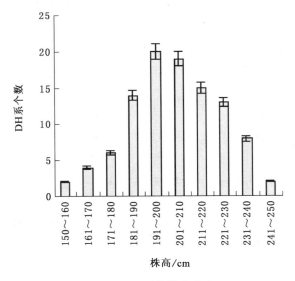

图 5-1　DH 群体株高分布

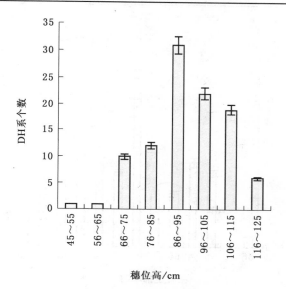

图 5-2　DH 群体穗位高分布

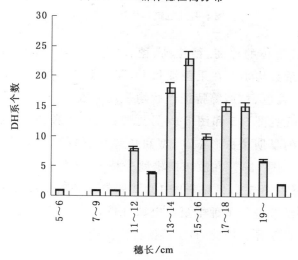

图 5-3　DH 群体穗长的分布

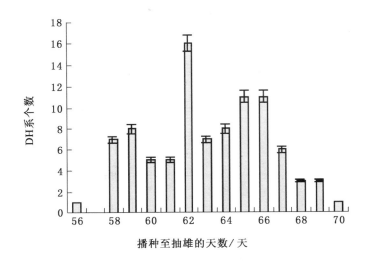

图 5-4　DH 群体生育期的分布

　　DH 群体的株高、穗位高、穗长、穗粗、穗行数各性状的系内变异系数均小。在果穗性状上,同一 DH 系的不同自交果穗的穗型、粒色、粒型等特征性状均表现一致,不同来源的 DH 系果穗表现见图 5-5 和图 5-6(另见彩图 10 和彩图 11)。DH 系在生育的早期植株形态、叶型和长势具有较强的一致性(图 5-7,另见彩图 12)。在散粉期雄穗分枝数、花粉量、株高、生育期高度一致(图 5-8,另见彩图 13)。张铭堂曾对 DH 系内不同果穗所结子粒进行了种子蛋白电泳分析,结果表明它们的电泳谱带不存在差异。因此,DH 系穗行内所有个体间的基因型都是一致的。

表 5-1　DH 群体和 RIL 群体重要性状比较（刘玉强，2005）

性状	亲本 1145	亲本 Y331	中亲值	DH 群体 平均值	DH 群体 变异范围	RIL 群体 平均值	RIL 群体 变异范围	群体平均比较 t 值
株高/cm	221.01	179.26	200.13	203.52±20.10	150.23~252.00	206.50±21.0	149.1~253.21	-1.05
穗位高/cm	103.65	78.00	90.83	93.81±14.40	45.20~125.01	92.50±13.80	46.25~119.43	0.67
穗长/cm	15.54	14.30	14.92	15.11±2.49	9.01~19.92	15.35±2.57	9.25~21.34	-0.69
穗粗/cm	3.61	3.81	3.71	3.83±0.26	3.24~4.47	3.83±0.28	3.21~4.62	0.00
穗行数	12.00	14.00	13.00	13.00±1.38	10.00~18.00	13.00±1.49	10.00~18.00	0.00
播种至抽雄天数	69.00	56.00	62.50	63.13±3.16	56.00~70.00	63.20±3.14	55.00~71.00	-0.16

图 5-5　高油杂交种 5598 后代 DH 系果穗

图 5-6　先玉 335 后代 DH 系果穗

图 5-7 DH 系的田间表现

（引自刘玉强硕士学位论文，2005）

图 5-8 DH 系不同生育期田间表现

（引自刘玉强硕士学位论文，2005）

2. DH 系与自交系比较

早在 1965 年 Chase 就证明孤雌生殖纯系与自交系在农艺性状上具有同样效果。Lashemes 等 1988 年进行的研究表明,DH系多数性状如穗粗、穗行数、叶长、叶宽、雄穗分枝和开花期与系谱法选育的自交系相比不存在显著差异,仅在株高、穗位及果穗长三个性状上显著低于系谱法选育的自交系。Murigneux 等(1993)对来源相同的 120 个 DH 系与 81 个单粒传系比较研究发现,两者在雄穗长和雄穗主茎小穗数上差异不显著,而穗位叶面积 DH 系小于单粒传系。刘玉强等(2009)对来源于杂交种 1145×Y331 的 92个 DH 系和 130 个重组自交系(RIL)的农艺性状比较分析表明,所有性状的平均值 t 测验结果表明差异不显著,两个群体主要农艺性状表现基本一致,DH 群体表现出系内整齐性更高。刘志增研究表明,由单倍体加倍所得的 DH 系在所有可观测性状上均表现为高度的一致性。1994 年 Chalyk 将来源于同一群体 SA 的 10 个 DH系与 10 个自交系的植株及穗部性状进行了比较,结果见表 5-2。

表 5-2　自交系和加倍单倍体品系性状平均数
(Chalyk S T,武丽石译,1996)

性状	自交系	加倍单倍体品系	t 值
株高/cm	141.8	132.5	1.63
穗位/cm	39.1	38.6	3.25[*]
雄穗长/cm	36.3	33.4	1.80
叶长/cm	60.3	58.4	0.53
叶宽/cm	8.3	7.4	3.31[*]
节数	10.8	9.7	3.17[*]
雄穗分枝数	6.5	4.4	2.68[*]
穗长/cm	13.6	12.4	1.92
穗粗/cm	3.9	3.2	4.38[*]
穗行数	13.7	12.1	2.77[*]

＊ 在 5%水平差异显著。

结果表明:DH系在所有性状上的测量平均值均低于自交系,二者在穗位高、叶宽、茎节数、雄穗分支、穗粗和穗行数6个性状间差异显著,而株高、叶长、雄穗长和果穗长两者无显著差异。

由此可见,加倍成功的DH系在多数农艺性状方面与单粒传形成的系相当。1996年张铭堂用单交种Oh43×Mo17作母本,经Stock6诱导产生单倍体及染色体加倍的试验中共得到249个纯系,通过同工酶分析、形态性状鉴别和产量测试,获得2份作为高产杂交种的优良亲本,已进入玉米市场销售。

3.配合力表现

与传统方法培育自交系一样,将单倍体植株及其后代应用于玉米育种,需进行测验。所产生的DH系在杂交种的培育过程中首先进行配合力的测定。早在1965年Chase就证明DH系与自交系在配合力方面有同样的效果,1969年他就指出对于从表型无法选择的配合力性状,DH系与常规选系并无实质差异,Thompson和Park等在玉米和大麦研究中也得到了同样的结论。

第三节 DH系的遗传分离

由花粉培养构建的DH群体偏分离现象十分普遍,因此导致其利用价值受到了极大的限制。关于偏分离有人认为这是由于遗传搭车效应,与影响偏分离的遗传因子紧密连锁的分子标记则表现有严重偏分离(Xu *et al*,1997);有人认为是合子选择的结果,F$_2$群体中偏分离的比例为 0：2：1(亲本1：杂合：亲本 2),或者是花粉选择的结果,这种模式的偏分离位点在群体中以 0：1：1 的比例分离(Haanatra *et al*,1999)。还有可能是因为研究群体偏小;含有隐性纯合致死的等位基因;或与研究材料有关,如种间杂种比种内杂种的偏分离比例大;单个亲本的细胞质基因组的细微影响以及染色体在杂交过程中也有可能存在结构重排、缺失、插入和突变(甘四明等,2001)。在这方面的研究以水稻最多,而且大都是利用花培能力差异较大的籼粳组合(李香花等,2002;Yamagishi,1998;陈英等,1997);在大豆上也有所报道(张德水等,1997;刘峰等,2000;吴晓雷等,2001)。而利用玉米孤雌生殖诱导系诱导所产生的单倍体及其 DH 系的偏分离的分析报道较少。Chang(1992)和 Lashemes 等(1988)发现由孤雌生殖诱导系途径产生的 DH 群体中,等位基因的分离均符合 1：1 的遗传分离比率。文科(2003)利用孤雌生殖诱导系诱导高抗青枯病的 1145 和高感青枯病的 Y331 的 F$_1$ 代而产生的单倍体进行偏分离的分析,在 45 个引物的扩增图谱中,1145：Y331 谱带分离比例偏差最大为 49：41,引物只有 umc1914、bnlg1083 和 ISSR204。卡方测验表明(表 5-3),亲本标记在单倍体的分布亦符合 1：1 的分离比率。配子选择效应不明显,这表明雌核单独发育可能是随机发生的,诱导系的作用只是促使单倍性的胚继续发育成熟。

表 5-3　不同引物扩增图谱的关于谱带分离比例的统计（文科，2003）

SSR	ISSR	谱带分离实际比例(O) (1145:Y331)	谱带分离理论论比例(E) (1145:Y331)	|O−E|	χ^2	P
umc1914,bnlg1083	ISSR204	49:41	45:45	4	0.54	0.30~0.50
phi056,bnlg2248	ISSR021,ISSR199	48:42	45:45	3	0.11	0.50~0.95
umc1003,bnlg1523	ISSR213					
phi083,nc131	ISSR016,ISSR018					
phi049,umc1829	ISSR198,ISSR210	47:43	45:45	2	0.07	0.50~0.95
bnlg1642,umc1015	ISSR211,ISSR218					
bnlg1288	ISSR019					
bnlg1023,bnlg1434	ISSR193,ISSR216					
phi026,bnlg1811	ISSR221,ISSR222					
umc1780,phi046	ISSR195,ISSR196	46:44	45:45	1	0.02	0.95~0.99
nc004,umc1569	ISSR197,ISSR208					
	ISSR209,ISSR214					
umc1898	ISSR219,ISSR217					

Df=1时，查表得 $\chi^2_{0.05,1}=3.84$，现实得 $\chi^2<3.84$，$P>0.05$，故分离比例符合 1:1 的理论比例。

第四节　DH 系在育种实践中的应用

DH 系可以用于育种的多个领域,如对染色体组分析、基因突变分析、不亲和性分析等。就玉米 DH 系而言,其应用领域主要体现在以下五个方面。

1.加快纯系的选育

在育种实践过程中选育高产、高抗、高配合力、优质的“三高一优”优良自交系,是玉米育种的核心环节。自交系的选育利用常规育种方法首先要组配基础群体,由于基础群体的等位基因往往处于杂合状态,这种杂合的等位基因在形成性细胞时,要随同源染色体的分离,各进入一个子细胞中,因此产生的配子是不同质的,这些异质配子重新组合形成性状不同的下代杂合个体,随着自交代数的增加,产生的配子间的遗传差异逐渐缩小,同质配子组合的几率增加,一般需自交 5~7 代才能使品系达到纯合;但理论上讲,即使自交 n(n∞∞)代后,也不能达到 100% 的纯合。

如果利用孤雌生殖诱导系将杂种一代(F_1)或二代(F_2)进行诱导单倍体或经过花粉(花药)的组织培养,然后经过加倍后得到的双单倍体在一个世代就可得到纯合的重组二倍体,这种二倍体的纯合性在理论上是 100% 的纯合,在遗传上是稳定的。结合南繁,若一年内种 2~3 季玉米,一年内便可选育出纯系(表 5-4),优于常规选系法,这对于缩短育种年限,加快育种进程均具有重要意义。

表 5-4　DH 技术与常规技术选系比较

育种技术	遗传纯合度							所需世代
常规技术	50%	75%	87.50%	93.75%	96.88%	98.44%	99.28%	7 代
DH 技术	50%	—	—	—	—	—	100%	2 代

假设用于选系基础材料的母本基因型为 AAbb,父本的基因型为 aaBB,通过杂交希望从后代中得到具有 AABB 基因型的新系,由于杂种 F₁ 的基因型(AaBb)是一致的,所以植株的形态表现一致,不会发生分离现象,但 F₁ 代的植株减数分裂将产生 4 种不同类型的雌雄配子,它们的基因型都是 AB,Ab,aB 和 ab。如果用常规选系的方法,4 种类型的精子和 4 种类型的卵子随机结合,产生 16 种组合 9 种基因型的 F₂ 代,符合我们目标的基因型(AABB)只有一种,如果两对基因不存在连锁关系,目标基因型的出现概率为 1/16,如果采用单倍体育种技术,利用孤雌生殖诱导系诱导可产生的单倍体植株也只有 4 种类型(AB,Ab,aB,ab),经过染色体加倍后可得到纯合的二倍体,即 AABB,AAbb,aaBB 和 aabb,这样每 4 株中就有我们需要的 AABB 植株,目标基因型的出现概率将是常规选系方法的 4 倍(图 5-9),可见单倍体育种技术可以提高选择效率。如果选择的目标性状由多对基因控制,如产量等重要农艺性状,则通过单倍体育种技术无疑会更加高效。同时,由于单倍体育种的选择重点是对 DH 系的选择而不是传统方法进行单株选择,因此选择更加准确。

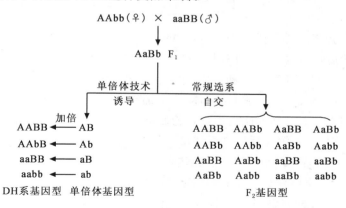

图 5-9　常规选系法与单倍体技术遗传模式比较

2. 亲本保纯与高代系纯化

单倍体技术也可用于亲本种子的保纯和高代系纯化。在玉米种子生产过程中,亲本种子纯度是制种的关键因素之一,它将直接影响到杂交种的实用价值。亲本经过多年繁殖后常出现退化和混杂的现象,原来的优良性状会逐渐变坏,严重时就失去了应用价值。为了使发生混杂的和退化的亲本恢复其纯度和优良特性,可以利用单倍体技术,产生单倍体,经过加倍形成 DH 系,由于 DH 系内无杂合位点,因此,在种子生产中应用将有利于亲本纯度的长期保持及其杂交种的整齐性。单倍体技术用于高代系纯化,也可在一定程度上加快选育进程,保证参试种子的一致性。

3. 群体改良

DH 系可以应用于基础群体的创建与改良。例如,在轮回选择群体中,如果个体基因型处于高度的杂合状态,当选个体带入下轮群体的,除了有利基因以外,还有大量隐性不利基因。这些不利基因只有经过多轮的选择才能逐渐淘汰,所以其遗传进度缓慢。如果在轮回群体中诱导产生 DH 系,对改变基因频率更为有效,由于 DH 系的表型值和育种值一致,所以由当选 DH 系组成的新群体将会获得更大遗传进展。Gallais (1990) 认为在轮回选择中及性状遗传力较低时,利用 DH 技术也将是最有效的。

Bordes 等 (2006) 利用 48 个自交系组配成 24 个单交组合,然后通过链式杂交形成 C_0 群体,自交后产生了 150 个 S_1 后代分别利用常规方法和 DH 技术进行轮回选择(图 5-10),用自交系 D171 做测验种,对测交后代进行评价。

结果表明,来自于 C_0 群体的 DH 系的遗传方差是来自 C_0 和 C_1S_1 家系的近 2 倍(表 5-5),来自 C_0 的 S_1 家系,基因型与环境的互作方差是来自 C_1S_1 的 2 倍左右。而来源于 C_1 群体的家系和来源于 C_0 的 DH 系的互作方差大致相同。在遗传力上,

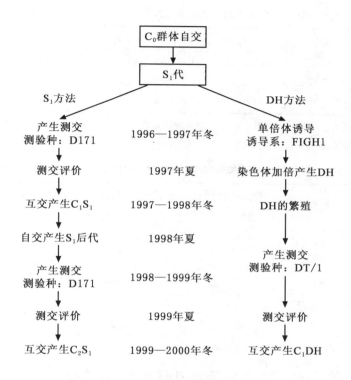

图 5-10　S_1 家系和 DH 系的选择进程(Bordes *et al*,2006)

DH 系后代的遗传力最高,而来源于 C_0 的家系遗传力最低。从遗传进度来看(表 5-6),DH 系方法平均每轮的遗传增益是第一轮 S_1 方法的 1.7 倍,是第二轮 S_1 方法的 1.3 倍;如果用 4 年一轮的 DH 选择方法,平均每年的遗传增益低于 S_1 的方法;用 3 年一轮的 DH 选择的方法时,平均每年的遗传增益比第一轮 S_1 的方法高,比第二轮 S_1 的方法低,与 S_1 方法两轮的平均每年的遗传增益相同;现实遗传力及现实遗传增益与理论的遗传增益比值均以 DH 系选择最高。

表 5-5　DH 系和 S_1 家系每轮次选择的方差组分估计(Bordes *et al* ,2006)

方法	群体	F	σ_G^2	σ_{GL}^2	σ_E^2	h_F^2
S_1	C_0	0	22.1(5.3)[a]	41.8(2.7)	45.4(3.0)	0.53(0.39~0.62)[b]
	$C_1 S_1$	0	25.9(4.3)	21.3(2.8)	22.8(1.5)	0.74(0.67~0.80)
DH	C_0	1	44.3(4.8)	22.0(1.9)	16.5(0.8)	0.83(0.79~0.88)

F,育种指数;σ_G^2,遗传方差;σ_{GL}^2,基因型×地点的互作方差;σ_E^2,残差;h_F^2,遗传力;a,标准差;b,置信区间。

表 5-6　DH 系和 S_1 家系每轮次和每年的遗传增益估计(Bordes,*et al* 2006)

方法	轮次	轮长（年）	理论遗传增益		现实遗传增益/%[a]		现实/预测[b]	现实遗传力
			每轮	每年	每轮	每年		
S_1	C_1	2	4.8	2.4	2.2±1.4	1.1±0.7	0.47	0.26
	C_2	2	5.8	2.9	4.8±1.4	2.3±0.7	0.81	0.6
	总计	4	10.6	2.7	7.0±2.0	1.8±0.5	0.66	
DH	C_1	4	8.2	2.0	6.6±1.4	1.6±0.3	0.8	0.64
		3	8.2	2.7	6.6±1.4	2.2±0.5	0.8	

a,±2 倍的标准误;b,现实遗传增益与预测遗传增益的比值。

在 Bordes(2006)的试验中,DH 选择的方法利用了 4 年的时间,其实可通过两种方法来缩短至 3 年,一是通过诱导系直接在 S_0 进行诱导产生单倍体;二是去除 DH 系的繁殖阶段,由于加倍当代 DH 的种子数量一般变异范围是 0~50 粒,如果能产生够量的种子(大约 20 粒),就可以避免 DH 繁殖这一阶段,并且作母本进行繁殖的同时,还可以做父本进行测交。最后 DH 方法的选择由 7 代减至 5 代,由原来的 4 年一轮次减至 3 年完全有可能。

2002 年的试验结果表明,两种方法形成的新群体与原始群体没显著差异;2003 年的结果表明第一轮的 S_1 选择形成新群体的遗传方差高于起始群体和第二轮的 S_1 群体,但考虑到它有较大的置信区间,因此没有明显的遗传方差差异。但如果考虑到群体改良和品种培育同时进行,DH 体系将显现出极大的优势(表 5-7)。

表 5-7　DH 系和 S_1 家系起始群体和改良群体的遗传参数估计(Bordes *et al*,2006)

方法	群体		σ_G^2	σ_{GL}^2	σ_{GY}^2	h_F^2
C_0		2002	25.7(6.2)[a]	24.0(5.7)[a]		0.64(0.55~0.71)[b]
		2003	18.4(6.1)	20.0(5.4)		0.58(0.47~0.66)
		总计	14.6(5.4)	16.5(4.4)	10.6(3.8)	(—)[c]
S_1	C_1S_1	2002	32.5(7.01)	21.8(5.2)		0.71(0.64~0.77)
		2003	31.9(9.6)	34.2(7.3)		0.63(0.54~0.70)
		总计	26.5(6.7)	23.2(4.2)	7.6(3.0)	(—)
	C_2S_1	2002	25.9(6.6)	27.9(6.6)		0.61(0.51~0.69)
		2003	19.1(6.8)	17.2(6.8)		0.54(0.43~0.63)
		总计	14.2(5.3)	8.0(4.5)	10.2(4.3)	(—)
DH	C_1DH	2002	32.2(7.4)	26.9(6.3)		0.67(0.58~0.73)
		2003	18.2(6.6)	23.9(6.5)		0.53(0.41~0.62)
		总计	17.6(5.7)	17.1(4.8)	10.6(3.9)	(—)

　　F,育种指数;σ_G^2,遗传方差;σ_{GL}^2,基因型×地点的互作方差;σ_{GY}^2,基因型×年份互作方差;h_F^2,遗传力;a,标准差;b,置信区间;c,2002 年每一个地点缺少重复无法计算。

4. 突变体筛选

　　在突变育种中,要尽可能多地创造出有利的突变体,由于基因突变的几率很低,有时发生隐性突变时,从植株上不能直接表现出来,这就需要加大种植规模。如果结合单倍体技术,突变育种时间也可以大大缩短。因为在单倍体植株的表现型中不存在隐性基因被显性基因掩盖的现象,其显性突变或隐性突变都会在当代表现出来,因而发现和选择隐性突变体就容易得多,这样获得有利突变体的速度可大大加快;同时对产生的突变体可以进行染色体加倍,形成稳定遗传的纯系。但目前为止单倍体技术在玉米突变育种中的研究与应用还是较少。

5. 数量性状遗传研究

单倍体在遗传研究中可以有很多应用,如剂量效应、遗传成分的解析等,而其在数量性状遗传研究中的应用方面有其独特作用。玉米育种过程中进行选择的大多数目标性状是数量性状,它们受到多基因控制,同时也受环境等因素影响。进行这些数量性状遗传研究时常常需要构建群体。在常用的作图群体中 F$_2$ 群体所含基因型种类齐全,信息量大,但 F$_2$ 群体只是暂时性的群体,难以进行连续性的工作;而 DH 群体可以稳定繁殖,长期使用,是一种永久性群体,可在不同的环境中生长,便于重复试验,收集到的数据比常规法早代单株得到的数据减小了环境误差,此外还可以消除常规法早代竞争的影响,既能提高 QTL 定位的准确性,也能揭示QTL 与环境的相互作用。利用 DH 群体与双亲构建的回交群体,还可扩大 DH 群体中株系的基因型从纯合到杂合。刘永胜等(1997)用这样的回交群体和基于 DH 群体的分子图谱定位了两个控制胚囊败育的基因位点以及 7 个控制小穗不育性的 QTL 位点。另外,利用 DH 群体还可能快速建立不同的质量性状基因或QTL 位点的近等基因系,以便对这些位点的作用机制进行深入研究。更为主要的是构建玉米 DH 群体比构建重组近交系群体省时。

由玉米孤雌生殖诱导系途径产生的 DH 群体中,等位基因的分离均符合 1:1 的遗传分离比率(Chang,1992;Lashemes *et al*,1988),因此 DH 群体可用于各种遗传研究。此类 DH 群体中不存在显性效应,且一般不出现类似花培 DH 群体的偏分离现象,因而不仅可以研究控制数量性状基因的加性、上位性和连锁效应,使得每个 QTL 作用的评估更为简单和精确(徐云碧等,1994),而且还可以进行数量性状的分析。Mihailov 等(2006)以玉米单交组合MK01 × A619 为母本,诱导系 MHI 为父本诱导产生单倍体,通过秋水仙素加倍获得了 45 个 DH 系,由于 DH 系是由 F_1 雌配子基因组加倍而来,理论上这些 DH 系的数量性状的分布大约在中亲值附近,并呈对称分布,一半应在中亲值之上,另一半应在中亲值以下。实际中,一些性状如产量、粒数、穗数、开花期和成熟期均表现出稳定的不对称分布(表 5-8),说明这些性状不仅受等位基因的控制,同时非等位基因间的互作效应也非常重要。

表 5-8　DH 系相对于中亲值的分布(Mihailov and Chernov,2006)

性状	DH 系的分布比率(上：下)		
	2003	2004	2005
抽雄期	4：37**	9：35***	6：38***
吐丝期	6：34**	9：35***	5：39***
抽雄-吐丝间隔	24：16	19：25	19：25
开花-成熟间隔	15：24	14：30*	30：14*
成熟期	10：30**	9：35***	14：30*
株高	7：34***	7：37***	20：24
雄穗长	21：20	22：22	13：31*
茎粗	15：26	21：23	14：30*
节数	7：34***	13：31***	21：23
穗数	12：29*	14：30*	11：33**
穗轴重	15：26	19：25	19：25
穗长	10：31**	18：26	10：34***
穗粗	3：38***	4：39***	6：38***
穗行数	17：24	15：28	10：33***
穗粒数	4：37***	6：38***	15：29*
千粒重	23：17	19：24	24：20
第一穗的产量	3：38***	6：38***	14：30*
第二穗的产量	6：35***	12：32**	10：34***
总产量	2：39***	6：38***	14：30*

第六章 单倍体育种技术体系的优化

单倍体诱导育种作为新的快速选系方法是现代育种的重要方法。但如何使这一方法能够有效地应用于育种实践仍然有诸多问题需要考虑。因此需要对整个单倍体育种过程进行优化才可能建立高效育种体系。

目前,国内外采用的育种程序如图 6-1 所示。

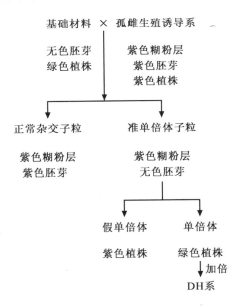

图 6-1 育种程序图

从图 6-1 可以看出,如果要提高整个体系的效率,需要在基础材料、单倍体鉴别及 DH 系加倍和选择等方面进行优化。

第一节　基础材料的选择

基础材料包括各种植物的栽培种、野生种的繁殖材料以及利用上述繁殖材料人工创造的各种植物的遗传材料;而通常在玉米育种领域人们提到的基础材料,主要是指可以在育种上利用的各类材料。

与常规自交系的选育方法相比,通过单倍体诱导选系更应重视基础材料的选择。单倍体育种需要大量的单倍体,因此对诱导材料的选择就具有一定的特殊性,主要应该考虑诱导材料产生单倍体的能力以及选系材料的世代。

1. 母本基因型对诱导率的影响

前人的研究均表明,单倍体的诱导率除了受父本诱导系的影响外,还与诱导环境、母本基因型有很大的关系,尤其是母本基因型对诱导率差异具有显著影响。

刘志增利用农大高诱 1 号给不同的自交系和杂交种授粉,不同材料的诱导率差异数倍,变化范围为 1.64％～9.20％,具体数据见表 6-1。不同的研究者都得到了类似的试验结果。黎亮等(2012)利用农大高诱 1 号诱导 20 个生产上常用的杂交种,诱导率变化范围为 1.10％～6.87％。单倍体频率高的材料其获得 DH 系的频率可能就高;相反,对于一些诱导难度很大的材料,得到 DH 系的难度也就越大,因此就不一定适合采取单倍体技术。总之,单倍体育种中高效策略之一是选择容易诱导出单倍体的材料进行杂交诱导。

表 6-1 不同母本材料诱导产生单倍体的频率比较（刘志增，2000）

材料	取样穗数	单倍体数	测交粒数	平均诱导率/%
411	11	106	1 121	9.20
411/230	13	227	2 729	8.65
Syn695	12	143	1 870	8.01
414/Syn695	11	263	3 562	7.40
海 218	6	56	870	7.03
水六	7	40	299	5.02
411/340	7	145	2 835	5.50
N971431/6	13	187	3 792	4.93
H4/Syn695	6	64	1 424	4.67
531	8	95	2 028	4.64
农大 368	13	194	4 139	4.63
白 107	13	88	2 351	3.76
230	7	31	822	3.75
178wx	14	54	1 712	3.20
黄野 4	14	28	1 369	2.19
H4	11	31	1 642	1.93
平均				5.34

李国良等在 2008 年利用农大高诱 1 号对玉米不同种质类群 S_1 代进行单倍体诱导（表 6-2），结果表明不同种质类群平均单倍体诱导率为 3.2%，不同类群间存在显著差异，对 Lancaster 群授粉所产生的群平均单倍体诱导率为 4.92%，比 Reid、唐四平头和旅大红骨类群诱导率高，达到 5% 的显著水平，对热带地方种质群诱导率，最低仅为 1.8%，达到了 1% 的极显著水平；最优诱导单倍体类群为 Lancaster 群。

表 6-2　种质类群对单倍体诱导率的影响（李国良等，2008）　　%

世代	Lancaster 群	Reid 群	唐四平头群	旅大红骨群	热带地方种质群
S_1	4.5	3.2	3.5	2.1	1.7
S_2	4.9	3.3	3.2	3.2	1.8
S_3	4.6	2.9	3.7	3.8	2.0
S_4	5.0	9.0	3.9	5.3	2.0
S_5	5.6	5.5	5.7	5.5	2.7
均值	4.92	4.78	4.00	3.98	2.04

近年来利用农大高诱 1 号及其他引进诱导系作了大量研究，并没有发现不同自交系产生单倍体的能力与所属的类群有很大的相关性。除了诱导率因素外，标记表达的因素也需要考虑，一般情况下，硬粒型玉米要比马齿型玉米标记表达弱，因此在没有更好的标记出现之前，马齿型玉米更易于单倍体育种技术的应用。

2. 不同世代材料的选择

二环系选育方法是目前自交系选育的主要方法。与常规的系谱法相比，单倍体诱导只需要一个世代即可得到单倍体并加倍得到纯系。目前在玉米单倍体育种中，主要选择利用 F_1 植株进行诱导获得单倍体子粒，也就是说经过了一次减丝分裂和基因重组。但是，依据遗传学的原理可知，诱导世代的选择对于获得理想 DH 系的概率具有很大的影响。

当两个基因处于完全不连锁时，从不同世代诱导的 DH 后代里得到最优重组 DH 系的概率是一样的。当两个基因处于紧密连锁时，需要从大量的 DH 后代中才可能得到最优的重组个体，这就需要对得到的 DH 系进行大量选择、测验。当然，也可以通过晚代诱导来提高得到最优 DH 系的概率。研究表明，与 F_1 代诱导比较，F_2 代进行诱导得到最优 DH 系的可能性更大，而从 F_2 单株及 F_3 家系诱导获得最优 DH 系的概率差异不大（Choo，1981）。

关于诱导世代的选择，在大麦中做了大量的研究。Snape 和 Simpson 等（1981）从遗传变异性角度进行了研究。他们认为，当不存在连锁时,不同世代获得 DH 系的总遗传方差没有区别;当存在连锁时,遗传方差的排序为 $F_1 < F_2 < F_3$。但是作者认为,通过 F_2 代自交得到 F_3 以创造更多遗传差异与直接从 F_2 代进行诱导比较起来有些得不偿失,因为相比于 F_2 代, F_3 代的遗传差异只有微弱的优势,但是需要花费一个世代的时间。因此,作者认为 F_2 世代是单倍体诱导的最佳世代。关于这个选择理论的田间试验却比较少见。也有人报道从 F_1 和 F_2 世代获得的 DH 群体在遗传方差上不具有显著差异。但是,从 F_2 世代进行诱导也有其他的一些优势,如可以通过抗病性、株高等田间性状去除一些单株,选择比较优良的单株进行诱导获得单倍体,这样也会减少工作量,也大大提高了优良 DH 系出现的概率。

上面是从优良基因型出现的概率考虑,如果从诱导率的角度考虑,不同的世代诱导率也存在一定的差异。Lashermes 等利用 Stock6 作父本对 3 个组合的 F_2 及 F_3 世代的诱导率进行了比较,表明两世代间的相关性只有 0.59。李国良等利用农大高诱 1 号对塘四平头、旅大红骨、Lancaster、Reid 四大种质类群和热带地方种质群不同世代的材料进行诱导,结果表明,一般高世代 S_4、S_5 代的单倍体诱导率高,但每株单倍体粒数较低; S_1 代单倍体诱导率较低,但材料果穗大,实际得到的单倍体数量最多,因此认为早代 S_1 代为最佳诱导单倍体世代。

综合考虑,如果双亲差异大,后代分离的基因较多,则仅靠一次重组就需要很大的群体才可能获得优良重组基因型。因此,建议此类材料的诱导可以在 F_2 代或更高世代诱导,而对于窄基群体则可以在 F_1 代诱导。

第二节　不同育种方法分析

在整个育种体系中,如何发挥单倍体育种技术的优势并与其他方法结合起来是构建高效单倍体育种体系的重要方面。以往研究已经对单倍体育种与系谱法、混合选择法等的应用特点和效果进行了分析,对优化单倍体育种在目标性状的选择等方面具有重要参考价值。

1.单倍体育种与系谱法

在系谱法中,两个亲本杂交产生 F_1,然后自交产生 F_2 群体,由于 F_2 分离最大,因此可从中选择符合育种目标的单株进行自交,同时记录亲本与后代的关系。而 DH 技术可实现对配子的选择,从而选育出符合育种目标的纯系。Walsh(1974)通过计算机模拟研究发现,系谱法比 DH 技术将产生更多的优系,但优系的数量取决于 F_2 群体的大小。如果 F_2 群体较小或性状的遗传力较低时,DH 技术和系谱法的平均值和方差是相似的。Casali 和 Tigchelaar(1975)的模拟研究结果表明,在遗传力 75%,50% 和 25% 的情况下,来自系谱法 F_6 最优的系要比来自 DH 技术最优的系好,但遗传力在 10% 时来自两种方法的最优的系一样好。研究表明对于遗传力高或中等的性状采用系谱法将会增加优系的频率,而对于产量这样低遗传力的性状则效应较小或者无效。但整体比较来看,用 DH 技术培育自交系要比系谱法缩短 3 代的时间。

2.单倍体育种与混合法

混合法不同于系谱法,在早期的分离世代没有人为的选择,而是混合繁殖,因此 DH 技术产生纯合系所需的时间远少于混合法。Song(1978)研究表明 DH 群体的平均产量低于混合法,但是变异比混合法的大,二者在选择上是等效的。Casali 和 Tigchelaar (1975)的模拟研究结果表明 DH 方法在高遗传力性状选择上不如混合法好,但利用这种方法获得的系变异性比混合法大。Muehl-bauer(1981)计算机模拟研究结果表明通过 DH 技术可以获得更大的基因型的变异。由此可见,通过 DH 技术可以获得与混合法具有相同产量潜力的基因型。在对单一性状或少数几个性状的组合选择时,保持更大的群体变异是非常重要的,利用 DH 技术就可以达到这一点。

3.单倍体育种与单粒传法

Goulden(1941)首先提出单粒传法(Single Seed Descent,SSD)并应用于遗传研究。Kaufman(1971)和 Brim(1966)分别率先在燕麦育种和大豆育种中使用此方法。它是由群体 F_2 每一单株的 1 粒种子繁殖产生 F_3,后代的繁殖以此类推。由此可见,通过单粒传的方法得到纯系需要的时间比用单倍体技术所用的时间要长。Choo 等(1982)发现两个大麦的组合中产量、抽穗期和株高在两种方法中的频率分布是一样的;Park 等(1976)的研究也表明两种方法得到优系频率、均值和变异都是相似的。England(1981)研究结果表明,通过单粒传的方法获得最优系的概率低于 DH 技术,因此要想获得和 DH 系同样频率的优系,就需要扩大单粒传的群体。

4.单倍体育种与回交育种

在转育一个或几个目标性状到材料中,单纯利用 DH 技术并没有明显优势,在这种情况下利用回交转育法可能会更容易操作,但到回交转育的后期阶段,如果结合单倍体技术将会快速得到纯系。

5.不同育种方法的比较实例

James 等(2008)利用二环系法(Conventional GEM,CG)、混合选择法(Conventional Mass,CM)、修饰的单粒传法(Modified Single Seed Desent,MSSD)、DH 技术法(Doubled Haploid,DH)4 种不同方法对 3 个杂交种(ANTIG01：N16DE4,AR16035：S0209,DKXL212：S0943b)进行选系,从每个组合每种方法中选出 50 系,各用不同的测验种进行测交,分别产生 50 个杂交组合,随机分成 10 组,组内利用巢式设计,两次重复分别在不同的地点种植,根据产量和产量/水分的值从每组中选 20％的优良系,此外基于组间产量和产量/水分的整体表现,每种方法选 5 个优。利用两个测验种作进一步的产量试验(图 6-2)。

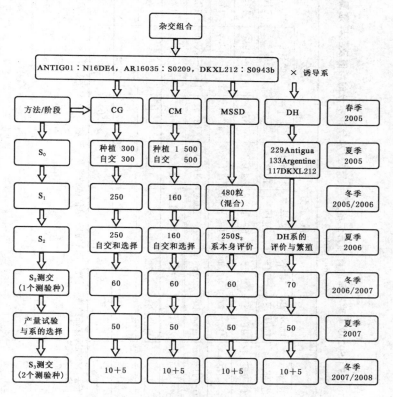

图 6-2 不同育种方法的方案(James,2008)

CG,二环系法;CM,混合选择法;MSSD,修饰的单粒传法;DH,单倍体技术法

试验结果表明 3 个组合的产量及产量/水分以 DH 法较高而水分含量以 DH 法最低;对于水分含量而言,DH 技术有最大的变异范围(其中两个组合的结果见表 6-3 和图 6-3)。由此可见,DH 系的测交组合与其他方法相比有较低的含水量,因此,在整齐一致的 DH 系内进行脱水性状的选择较为有效。

表6-3　来自于组合 AR16035：S0209 4 种不同的育种方法的产量、产量/水分和水分的均值及变异范围
(James,2008)

方法	产量(BU/A)			产量/水分			水分/%		
	50个组合	变异范围	10个组的优系	50个组合	变异范围	10个组的优系	50个组合	变异范围	10个组的优系
CG	173.9	160.2~188.4	180.6	9.78	8.5~10.8	10.2	18.0	16.5~19.6	17.8
CM	172.6	155.2~189.4	178.8	9.74	8.1~10.9	10.3	17.9	16.0~20.5	17.4
MSSD	175.2	157.0~193.7	184.0	9.58	7.8~10.9	10.0	18.5	16.6~20.9	18.5
DH	174.7	156.8~194.8	184.2	9.93	8.1~11.7	10.8	17.8	15.8~21.1	17.4
平均值	174.1		181.9	9.76		10.3	18.1		17.8
LSD(0.05)	1.6**			0.10***			0.11***		
CV/%	5.8			6.40			3.6		

CG，二环系法；CM，混合选择法；MSSD，修饰的单粒传法；DH，加倍单倍体技术法；* 在0.05水平显著；** 在0.01水平显著；*** 在0.001水平显著；**** 在0.001水平显著。

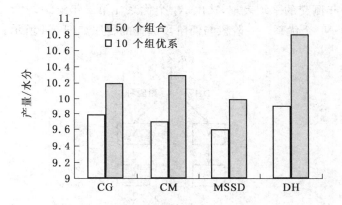

**图 6-3 组合 DKXL212∶S0943b 4 种不同的育种方法产量
/水分的均值比较**(James,2008)

由此可见,利用单倍体技术进行育种,不仅能缩短育种年限,
加速育种进程,而且由于 DH 系的完全纯合,使育种者提高选择的
准确性,提高了育种效率,同时在个体间的一致性在产量提高上也
有一定作用。

第三节　DH 系评价体系的优化

随着单倍体诱导系诱导能力的不断提高、加倍技术的不断改
进以及育种规模的不断扩大,每年产生的 DH 系越来越多,在配套
资金有限的情况下如何从这么多的资源中尽快筛选出符合育种目
标的优系材料,对育种资源和资金的合理配置就显得特别重要,可
以提高育种和选择的效率。Longin(2006)利用 DH 进行杂交育
种时,根据测交种的表现,利用蒙特卡洛(Monte Carlo)曲线进行
模拟,对一阶段与两阶段选择效果进行比较。一阶段选择是基于
一年的田间试验,而两阶段选择是基于两年的试验结果,首先根据

第一年测交的平均表现,选出 N_2 个优系在第二年继续评价,最终选出 N_f 个优系。一阶段与两阶段选择的程序如图 6-4 所示。

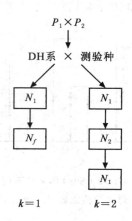

图 6-4　一阶段与两阶段的育种程序

(Longin,2006)

N_1,通过诱导系诱导最终形成起始群体 DH 系的数目;

N_f,最终选择最优 DH 系的数目;k,选择阶段

在 k 个选择阶段总的预算 B 包括产生 DH 系的成本和评价测交后代的预算费用,公式可表示为:

$$B = N_1 C + \sum_{j=1}^{k} N_j L_j R_j$$

C 为产生 1 个 DH 系的成本与田间 1 个小区费用的比值,如 $C=0.5$,表示产生 1 个 DH 的成本将是 1 个田间小区花费的一半,这符合一些先进的育种公司的情况。随着 DH 技术的不断改进和提高,将来产生 DH 系的成本可以忽略不计($C=0$),而在育种计划利用 DH 系刚起步时 $C=1$ 是比较现实的假设。

在相同预算的情况下,对两阶段选择评价起始群体 DH 系和测交种地点的数目是一阶段选择的 2 倍左右(表 6-4),而且遗传增量和相应的概率也高于一阶段选择。

表 6-4 最优资源配置的根应参数值(Longin,2006)

假定参数			优化配置				选择进度		相应概率					
k^a	N_f	B	N_1^*	N_2^*	L_1^*	L_2^*	$\Delta\hat{G}_k^*$	SD^b	$\hat{P}_k(5\%)$	SD^b	$\hat{P}_k(1\%)$	SD^b	$\hat{P}_k(0.1\%)$	SD^b
1	1	200	44.0	—	4.0	—	1.42	0.81	0.39	0.49	0.13	0.34	0.02	0.14
1	1	1 000	133.0	—	7.0	—	1.85	0.76	0.60	0.49	0.27	0.44	0.05	0.22
1	1	5 000	588.0	—	8.0	—	2.22	0.74	0.78	0.42	0.44	0.50	0.12	0.32
1	5	200	57.0	—	3.0	—	1.08	0.36	0.25	0.20	0.07	0.11	0.01	0.04
1	5	1 000	222.0	—	4.0	—	1.52	0.36	0.43	0.23	0.16	0.16	0.03	0.07
1	5	5 000	769.0	—	6.0	—	1.92	0.35	0.64	0.22	0.30	0.21	0.06	0.11
2	1	200	93.0	10.0	1.0	6.0	1.68	0.78	0.52	0.50	0.21	0.40	0.04	0.19
2	1	1 000	298.0	17.0	2.0	15.0	2.20	0.70	0.79	0.41	0.42	0.49	0.10	0.30
2	1	5 000	1 560	50.0	2.0	22.0	2.64	0.67	0.94	0.06	0.68	0.22	0.25	0.19
2	5	200	90.0	16.0	1.0	4.0	1.25	0.37	0.31	0.21	0.09	0.13	0.01	0.05
2	5	1 000	461.0	44.0	1.0	7.0	1.80	0.35	0.58	0.23	0.24	0.20	0.04	0.09
2	5	5 000	1 502	53.0	2.0	15.0	2.30	0.32	0.84	0.17	0.48	0.23	0.12	0.15

a,k=1 表示一阶段选择,k=2 表示两阶段选择;b,SD 表示估计值的标准偏差。

　　Longin(2007)对特定的方差组成(表 6-5)下一般配合力选择所需测验种的最优类型和数目进行了分析。结果表明(表 6-6),随着方差组成的不同,从 VC1 到 VC3,导致 T_2 增加为原来的 1 倍左右,而 L_2 将减少 50%,N_1 略有减少,ΔG^* 减少超过 7%。对于同一个方差组成在两个阶段利用不同的测验种类型来看,利用双交种比利用自交系 T_2 减少,L_2 平行增加,N_1 有较小幅度的增加,而 G 至少增加 6%;如果在第二阶段只利用自交系,对所有测验类型 T_j 和 L_j 是比较稳定的,而在实际运用中育种者希望能尽早鉴定出有希望的杂交种。因此,第一个阶段选择单交种或双交种做测验种,第二阶段选择自交系进行测验将是最好的折中模式。

表 6-5　测交种表型的不同方差组成(Longin,2007)

方差组成	测交种表现									
	$\sigma^2_{SCA}/\sigma^2_{GCA}$	σ^2_{GCA}	$\sigma^2_{GCA\times y}$	$\sigma^2_{GCA\times l}$	$\sigma^2_{GCA\times l\times y}$	σ^2_{SCA}	$\sigma^2_{SCA\times y}$	$\sigma^2_{SCA\times l}$	$\sigma^2_{SCA\times l\times y}$	σ^2_e
VC1	1/4	0.4	0.2	0.2	0.4	0.4	0.05	0.05	0.1	1.8
VC2.2	1/2	0.4	0.2	0.2	0.4	0.2	0.1	0.1	0.2	2
VC3	1	0.4	0.2	0.2	0.4	0.4	0.2	0.2	0.4	2.4

表 6-6　两阶段一般配合力选择资源最优配置相关参数值(Longin,2007)

方差组合	测验种类型		优化配置						
	一阶段选择	二阶段选择	T_1^*	T_2^*	L_1^*	L_2^*	N_1^*	N_2^*	ΔG^*
VC1	自交系	自交系	1.0	2.0	2.0	7.0	247.0	27.3	1.010
	单交种	单交种	1.0	1.0	2.0	12.0	258.0	29.6	1.038
	双交种	双交种	1.0	1.0	2.0	12.0	256.0	30.0	1.061
	四交种	四交种	1.0	1.0	2.0	12.0	255.0	30.2	1.073
	单交种	自交系	1.0	2.0	2.0	7.0	252.0	26.4	1.019
	双交种	自交系	1.0	2.0	2.0	7.0	253.0	26.3	1.029
	四交种	自交系	1.0	2.0	3.0	7.0	200.0	21.4	1.034

续表 6-6

方差组合	测验种类型		优化配置						
	一阶段选择	二阶段选择	T_1^*	T_2^*	L_1^*	L_2^*	N_1^*	N_2^*	ΔG^*
VC2.2	自交系	自交系	1.0	3.0	2.0	5.0	238.0	27.0	0.956
	单交种	单交种	1.0	2.0	2.0	7.0	244.0	27.9	0.998
	双交种	双交种	1.0	1.0	2.0	12.0	255.0	30.2	1.025
	四交种	四交种	1.0	1.0	2.0	12.0	253.0	30.6	1.047
	单交种	自交系	1.0	3.0	2.0	5.0	246.0	25.3	0.972
	双交种	自交系	1.0	2.0	2.0	7.0	201.0	21.2	0.985
	四交种	自交系	1.0	2.0	2.0	7.0	201.0	21.2	0.997
VC3	自交系	自交系	1.0	4.0	2.0	4.0	224.0	27.5	0.882
	单交种	单交种	1.0	3.0	2.0	6.0	233.0	27.8	0.937
	双交种	双交种	1.0	2.0	2.0	7.0	239.0	28.8	0.976
	四交种	四交种	1.0	1.0	2.0	13.0	244.0	30.0	1.001
	单交种	自交系	1.0	4.0	2.0	4.0	236.0	25.6	0.905
	双交种	自交系	1.0	5.0	2.0	4.0	182.0	18.2	0.821
	四交种	自交系	1.0	3.0	2.0	5.0	198.0	20.5	0.940

在实际育种过程中,育种家希望尽快的培育出优良的品种,一阶段选择更符合育种家的心理。以来源于农大 108 和郑单 958 的 180 个 DH 系的产量性状为例(李浩川,2011)。目前根据已有的试验经验,产生 1 个 DH 系的成本是每个田间小区鉴定的成本的 0.55 倍,即 $C=0.55$。在华北地区的吴桥、曲周、北京三个地点连续两年种植,估算出了基因型方差(σ_g^2)、基因型与地点互作的方差(σ_{gl}^2)、基因型与年份互作方差(σ_{gy}^2)、基因型与年份与地点互作方差(σ_{gyl}^2)以及误差方差(σ_e^2)的比值为 1.00:0.00:3.01:0.37:6.86,分别对 1 000、5 000 和 10 000 个小区的预算下最终选 5 个最优的 DH 系为例,利用蒙特卡洛的抽样方法进行模拟(图 6-5)整体来看,随着地点的增加选择响应(ΔG)不断升高,然后随着地点的继续增加选择响应增加幅度减小或略有下降趋势,在最大值附近曲线呈现平滑状态。当 $N_f=5$ 时,地点数为 1 到 3 时,选择

响应上升幅度较大,随着地点数的增加,增幅逐渐减小,比如预算为 5 000 个小区时,从 1 个地点到 2 个地点时的增幅为 16.07%,而从 2 个地点到 3 个地点时增幅减至 5.39%,从 6 个地点增加到 7 个地点时增幅仅为 0.09%,到 8 个地点时增幅为负值,表明到 7 个地点时就获得了最大的选择响应(表 6-7),由此可见,对于本例中的 DH 系群体进行最优的评价地点数应不少于 3 个,才能获得较大的选择响应。对于选择过程中的另一重要选择指标就是优良 DH 系的基因型值的概率 P,在本研究中优良基因型值属于 5% 最优的 P 值与选择响应的变化趋势相同(图 6-5),均随地点数的增加而提高,在 1～3 个地点增加幅度较大,然后随着地点数的不断增多增加幅度逐渐减小直至呈现平坦或下降趋势。然而在育种的过程中,往往实际的育种条件并不能达到最优的资源配置,但为了取得较好的选择效果,常常会用到较优资源的配置范围,即最优资

表 6-7   DH 选择响应的增幅随地点的变化   %

预算	1～2	2～3	3～4	4～5	5～6	6～7	7～8	8～9	9～10
$B=1\ 000$	13.76	3.68	1.32	−0.24	−0.55	−1.17	−1.02	−1.17	−1.58
$B=5\ 000$	16.07	5.39	2.19	1.05	0.34	0.09	−0.34	−0.41	−0.38
$B=10\ 000$	16.35	5.74	2.71	1.26	0.63	0.21	−0.02	−0.27	−0.34

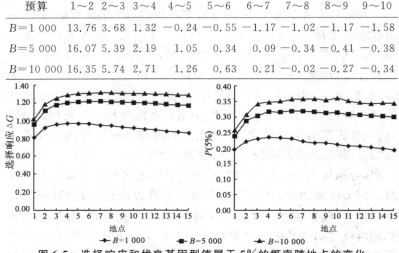

图 6-5   选择响应和优良基因型值属于 5% 的概率随地点的变化

源配置域,在最优资源配置域内选择响应和最优基因型值的概率变化情况见表 6-8。

表 6-8　DH 系最优资源配置域

优系数 N_f	预算 B	地点数 L	DH 系个数 N_1	选择响应 ΔG	5%概率 $P=5\%$
5	1 000	3	282	0.956	0.228
5	1 000	4	220	0.968	0.234
5	1 000	5	180	0.966	0.231
5	5 000	3	1 408	1.172	0.303
5	5 000	4	1 099	1.197	0.316
5	5 000	5	901	1.210	0.314
5	10 000	3	2 817	1.252	0.341
5	10 000	4	2 198	1.286	0.347
5	10 000	5	1 802	1.302	0.350

　　假设新的纯系产生出来后育种者会尽可能地将全部评价以防止遗漏优良种质的中选。基于这一情况,我们模拟了评价的 DH 系数目一定而不考虑评价的成本时,选择响应与优良基因型属于 5%的鉴定概率随地点数的变化情况,结果见表 6-9,选择响应和优良基因型的概率均随地点数的增多逐渐升高,对于同样的评价地点数目,如果评价 DH 系的数目不同时,所获得的选择响应和优良基因型的概率也不同,随着评价系的数目增多而逐渐升高,当在 1 个地点进行 DH 评价时,评价的 DH 系从 1 000 个增至 10 000 个时,选择响应从 0.845 增至 1.057,优良基因型的概率 P 从 0.201 增至 0.272,这种选择响应和优良基因型概率的增幅随地点数的不断增加有升高的趋势,比如当在 1 个地点进行评价时,选择响应的增幅为 0.212,优良基因型概率 P 的增幅为 0.071,而在 10 个地点下的增幅分别为 0.305 和 0.129。

表 6-9　选择响应和优良基因型的概率 P 值随地点的变化

参数	DH 系	地点数									
		1	2	3	4	5	6	7	8	9	10
选择响应	$N_1=1\,000$	0.845	1.032	1.130	1.177	1.219	1.243	1.271	1.291	1.299	1.313
ΔG	$N_1=5\,000$	0.992	1.214	1.317	1.379	1.431	1.452	1.490	1.506	1.521	1.537
	$N_1=10\,000$	1.057	1.275	1.393	1.461	1.506	1.545	1.568	1.586	1.605	1.618
$P(5\%)$	$N_1=1\,000$	0.201	0.258	0.292	0.307	0.320	0.330	0.340	0.349	0.349	0.358
	$N_1=5\,000$	0.248	0.321	0.362	0.388	0.405	0.422	0.432	0.437	0.440	0.448
	$N_1=10\,000$	0.272	0.348	0.393	0.422	0.439	0.457	0.467	0.475	0.483	0.487

目前产生 1 个 DH 系的成本相当田间 1 个小区的一半左右，随着 DH 技术的不断优化，将来 DH 的成本就可以忽略不计，同样条件下可评价更多的系，尤其在地点数较少时更加明显。以 3 000 个小区预算（$B=3\,000$）条件下 DH 系的选择为例（表 6-10），在同样的评价地点数为 3 个时，$C=0.55$ 时可评价 845 个 DH 系，而 $C=0$ 时可评价 1 000 个 DH 系，多评价近 150 个 DH 系。对于选择响应和优良基因型的概率在两种不同的 C 值下也略有不同，在 $C=0$ 时的选择响应和优良基因型的概率略高于 $C=0.55$ 时的值，由此可见生产 DH 系的成本对 DH 系评价方法及资源配置优化影响不是很大，这与 Longin(2006) 的结果相似。

表 6-10　不同 C 值下选择响应和优良基因型 5% 概率 P 的变化

参数	C	地点									
		1	2	3	4	5	6	7	8	9	10
N_1	0.55	1 935	1 176	845	659	541	458	397	351	314	284
	0.00	3 000	1 500	1 000	750	600	500	429	375	333	300
G	0.55	0.914	1.054	1.107	1.129	1.137	1.139	1.133	1.130	1.124	1.116
	0.00	0.951	1.081	1.129	1.136	1.154	1.153	1.153	1.145	1.134	1.133
$P(5\%)$	0.55	0.221	0.267	0.284	0.284	0.289	0.290	0.289	0.283	0.283	0.281
	0.00	0.233	0.274	0.287	0.290	0.296	0.293	0.293	0.293	0.287	0.284

　　DH 系本身评价模型的构建将有助于育种者节约育种成本，为利用 DH 系进行规模化育种和高效管理选择提供支撑，进而加速新品种的培育，提高育种效率。

第七章　单倍体育种系统化与工程化

我国玉米育种与种业的发展正处在一个新的转型时期,大规模工程化的育种将逐步成为商业化玉米育种的主要方式。国内近几年一些大型企业的单倍体育种已经实现规模化,总体上年单倍体生产量也已在百万以上,与国外的差距明显缩小。但由于规模化的单倍体育种技术出现时间短,以其为平台的工程化育种模式仍在发展之中。

总体来说,单倍体育种技术的发展需要经历点—线—面—体等发展阶段,其中点是指关键技术点,线是指技术流程线,面是指技术应用覆盖范围,体是指育种系统构建。目前国内在前三个阶段上已经取得较快进展,而在以单倍体为基础的研发系统构建方面尚处于起步阶段。因此,如何实现单倍体育种技术的系统化和工程化,以先进的系统思路和工程化设计提升单倍体育种效率将可能是未来该技术创新发展的重要方向(陈绍江,2010)。国外大型企业已经建立起十分先进的系统研发体系,但国内企业如何在借鉴中建立具有自身特色的研发系统仍然需要探索。国内在系统化和工程化方面最具代表性的是我国航天领域的成功实践,在钱学森等科学家的系统科学理论和创新思想的指导下,通过建立先进可靠的航天系统,实现了我国航天技术快速发展。因此,按照系统化思路开展工作,遵循由简而繁,由易而难的程序,逐步将自然科学、工程科学和管理科学等融合起来,实现技术的系统化和工程化,对国内单倍体育种的广泛应用和改进具有重要作用。

目前,系统与工程科学在我国作物育种中的应用尚未得到充分重视,强化这方面的研究工作有可能使我国育种体系的创新能力实现跨越发展。系统化可以用多种分析方法,这里仅主要以物理、事理、人理(WSR)分析法(喻湘存,2006)对此进行初步探讨,为推动单倍体育种的系统化与工程化提供参考。

第一节　系统化的技术基础

单倍体育种技术流程包括基础材料准备、单倍体诱导、鉴别与加倍以及 DH 系管理等各技术关键环节,因此可以将各个环节看作单倍体育种系统的子系统。实际上也就是系统化中的"物理"即硬件问题。各环节的发展现状是系统构建和运行的物质基础,以下将分别对其发展现状进行简要介绍。

1. 基础材料

高起点的材料准备对育种的成败起到决定性作用。由于单倍体育种纯系产生速度快,为减少以后大量垃圾 DH 系的产生,高起点的材料的组建对单倍体育种更加重要。组建高起点材料要涉及材料类型、系谱来源、杂优类群等,还要考虑材料本身在利用单倍体技术过程中的难易程度。有的材料单倍体产出率低,有的材料如硬粒材料因诱导遗传标记不清,影响鉴别效率。因此,作为单倍体育种基础材料出传统育种要求的"三高"外,目前还应尽量精选、精配且使用产出单倍体较易的材料,亦即达到"四高"即高产、高抗、高配、高诱。至于诱导的世代目前一般多选择 F_1 代诱导,其优点是基因型一致,果穗也较大,易于操作。但不足是其产生的单倍体是一次基因重组的结果。由于分离世代经过更多重组和选择,有些材料也可以考虑在 F_2、F_3 等分离世代进行诱导。从遗传角度分析,如果诱导材料的亲本关系较近,可以考虑以 F_1 诱导为主,而来源不清或远缘系的杂交种则可以考虑经过一定选择后诱导。

2. 单倍体诱导

玉米单倍体诱导系是开展单倍体育种的基础也是影响诱导效

率的最主要因素。国内外已经选育出多个诱导系,其诱导率可以达到 8%～15%或更高。诱导率较高的系间杂交种也已经应用于生产。

3.单倍体鉴别

单倍体鉴别也是单倍体育种中关键的一环,从国外研究情况看,单倍体的鉴别仍然以颜色鉴别为主,效率可以达到规模化应用要求。利用油分花粉直感效应鉴别单倍体,可以达到 90%以上(黎亮,2010)。基于油分鉴别单倍体的核磁共振技术已经研发成功,由此将可以实现规模化的单倍体自动鉴别。

4.单倍体加倍

单倍体加倍主要有自然加倍和化学加倍两个类型。自然加倍是国内外探索的重要方向,通过在适当的环境条件下建立自然加倍基地,可以明显提高加倍效率。目前国内已经成功在甘肃和海南等地实现自然加倍的规模化。除此之外,通过组培、移栽等途径也可在一定程度上提高加倍效率。

化学加倍是提高加倍效率的主要途径。国内外采用较多的化学加倍是秋水仙素和除草剂加倍。秋水仙素是加倍效果最好的化学试剂。其加倍效率达到 30%乃至 50%以上。不过在实际应用中需要注意其毒性。除草剂等也可以起到加倍作用,是目前国内外探索低毒加倍技术的重点。

5.DH 系管理

加倍后形成的 DH 系规模化的选择和利用是提高单倍体育种效率又一关键。DH 系在性状表现上一般没有明显的偏分离(文科,2003),与常规方法选育的自交系基本一致,DH 系在整齐性上要优于自交系(张铭堂,1996;刘玉强,2009)。在 DH 系的选择和规模化管理方面,近年研究的重点主要集中在选择模型的构建,测试方法的评价等方面。根据测交种的表现,利用数学模型优化

DH 系选择模型（Longin，2006，2007；Wegenast，2008），国内也开展了相关研究，并根据不同地点 DH 系的遗传变异建立了 DH 系选择评价模型（李浩川，2011）。

综上所述，单倍体育种各个环节的关键技术已经逐步成熟，具备了技术集成以至系统化的物理基础。根据以上分析，目前单倍体育种系统可以大致形成如图 7-1 所示的结构。

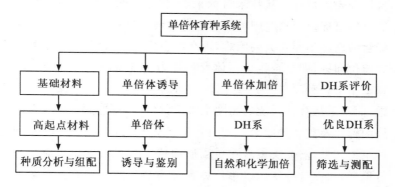

图 7-1　单倍体育种系统

图 7-1 列示了四个子系统的构成、功能和任务。应当指出，此系统只是大致示意，在具体的实施过程中，可以按照不同的方法设置不同的子系统，从而形成不同的系统结构。

第二节　系统分析

按照 WSR 系统分析的基本思路，事理实际上是指各系统要素间以及系统内外环境间等方面的关系集合，属于软件范畴，一般包括目标、方案、标准、模型等，而人理则主要是系统中人自身及其与物、事相互关系等多属于翰件范畴（喻守湘等，2006）。目前单倍体育种系统还处于初级阶段，其重要的系统关系尚处于构建之中，由于在技术基础即系统的物理方面国内外基本上类似,要构建有特色特别是有企业自身特色先进高效单倍体育种系统就要特别重视系统的事理和人理,其中要注意以下几个方面的问题。

1. 目标设计

遵循系统的层次性原理,单倍体育种目标定位可以分为技术目标和宏观目标。从技术目标来看,概括起来有数量、质量、速度等具体目标。而这些则可以通过育种设计进行规划。实现技术目标目前已经不存在太大困难,现在最主要的是宏观目标,也就是宏观定位问题,即是否将单倍体育种视为传统育种技术变革。将其置于整个育种系统中主要位置。国内现在还多基于技术层面考虑,而不是从育种系统的高度来考虑,这就有可能影响整个育种系统的构建及其育种能力的提升。因此,为促进育种技术转型到育种系统转型,需要决策者在更高层面依据系统科学思想对育种进行思考,从而充分认识以单倍体育种为基础的育种系统对竞争力提升中的重要作用。

2. 标准与程序化

系统的标准包括技术方面的,也可以包括管理方面的。就技术方面而言,涉及的标准主要有诱导系的诱导率、单倍体鉴别与加倍方法和效率、DH 系种植、评价和选择参数等。在规范化标准的基础上,程序化的技术和管理对整个系统目标的实现具有重要影响。如诱导与加倍的衔接上,就可以有不同的程序设置,可以是海南诱导单倍体—当地加倍—海南 DH 系筛选测配,也可以是北方诱导—海南加倍—当地 DH 系鉴定筛选—海南测配,实际上也可以有其他的程序设置。另外在每个具体环节上也有程序化问题,如单倍体的鉴别,一般诱导系可以先以子粒色素鉴别然后再以根、茎颜色筛选。高油型诱导系则可以先以子粒色素鉴别然后再以油分鉴别等程序。

3. 组织运行

系统运行涉及很多方面，这里重点强调的是属于人力资源管理问题。工程化的目的是减少人为因素对整个系统可能产生的不确定性，但并不排斥育种者的主观能动性，而是以人为本尽量发挥其作用。需要重视的问题主要有工作设计、工作组织和管理等。在工作的设计上，应该以专业化为主，就是根据技术流程进行专业分工，每个关键环节均由专门人员来负责，如单倍体诱导和鉴别可以由专门的人员负责实施。同时，整个系统也是一个系统网络，其工作组织还需要有好的团队及跨团队合作。

4. 效率控制与分类管理

工程化系统育种因其规模化的运作而需要对技术的经济性格外关注，实际上是育种经济学问题。因此，在单倍体育种技术大规模应用时，需要研究技术的经济效率，在基地设置、小区技术和信息化等方面开展科学的经济核算。同时也可应用过程控制理论对整个系统进行分析，如从基础材料开始，在诱导之前或同时就对基础材料的配合力方向进行分析测试，实现测诱结合，从而能够为其后代 DH 系的筛选和测配提供参考信息。另外，通过建立高加倍效率的杂交种优势群体，有望形成高自然加倍的杂种优势利用模式。也可通过扩大该技术的应用范围，如强化在亲本纯化等方面的利用及其与传统技术、现代分子育种技术等方面的融合，形成高效新型的育种系统，提高应用水平，进而提高其经济性。

考虑到目前国内企业的现实情况，大量测配 DH 系较为困难，因此，对 DH 系进行分类管理是必要的。对一些重要的材料进行重点考察，如设置不同的微小区鉴定点，筛选适于跨区域的优良纯系。从而减少测试规模。

第三节 系统优化与应用创新

1. 工程化

从目前单倍体技术的发展状况来看,国外大型企业已经实现单倍体育种工程化,但国内尚处于探索阶段。建立适于国内情况而又有创新特色的单倍体育种工程化系统尚面临工程化思路、集成研发等诸多问题。就此而言,以"物理"为基础的专业化、基地化与设施化应是实现规模化单倍体育种工程的重要内容,以"事理"为基础的系统控制与以"人理"为基础的管理方法将是维持系统高效运行的基本保障。稳定的基地、设施、装备、人力等资源的支撑是目前国内单倍体育种工程需要亟待关注的重要问题。比如单倍体鉴别的自动化和智能化,诱导、加倍、测试等环节的基地或温室设施等。具体而言,诱导基地或设施的选择应该能够保证基础材料充分发育,子粒饱满,以利于鉴别标记充分清晰表达。加倍基地则应选在土地肥沃,易于生长,环境稳定或可控,气候变化较小的地方或设施如温室等。DH 系的测试基地则应根据选育目标在相关区域设置多点进行异地筛选。诱导环境对诱导频率有一定影响,如我们的观察表明在海南冬季诱导可能比北京要高 $1\sim3$ 个百分点,同时由于其子粒发育较好,颜色标记能够较好地表达,鉴别标记也相对清晰,有利于单倍体的准确挑选。因此,选择较好的诱导地点和环境可以提高此环节的工作效率。

2. 技术集成与融合

集成性是系统的基本要特性,实现单倍体育种技术与传统技术或其他现代育种技术的集成与融合是使其提高应用效率的一个重要方面。实际上,单倍体育种技术在国外已经与分子育种技术和转基因技术结合,形成了现代玉米育种高通量的技术平台。但在单倍体育种技术与传统育种技术的融合方面尚有不少问题需要探索。如何与传统育种技术如二环系、回交、轮回选择等技术结合？目前这些技术在单倍体育种中的应用多是回交或自交后代材料的直接诱导产生单倍体然后加倍形成 DH 系。这一方式利用的基本上集中在能够加倍的单倍体，而不育单倍体一般不予以考虑，由此造成单倍体的利用不足。为进一步提高效率，能否充分利用这些不育单倍体？

前已所述，在花粉充足的情况下，不育单倍体基本上可以结实，基于这一特点，这里提出以下融合自交或回交利用可育和不育单倍体的方法。一是不育单倍体继续用诱导系进行再诱导，形成新的单倍体，二是可育与不育单倍体可以与亲本自交系、杂交种回交，就可以产生的新的群体，如与亲本自交系回交产生的群体可以定义为 BH，杂交种回交的单倍体所产生的群体定义为 CH 等。按照上述方式进行单倍体育种尽管可能速度稍慢，但将有可能较好的融合与利用传统育种方法。这些新的群体与 DH 群体具有不同的特点和利用方法，可能形成新的育种途径。例如，如果是用亲本自交系和杂交种作父本，单倍体作母本，则形成的 BH、CH 群体。由于来自于单倍体雌穗上的子粒具有共同的母本基因型，因此同一果穗上的后代个体一定程度上可以反应父本配子的差异，对其进行选择既是对雌雄配子的双重选择，也是对相关雄配子进行的选择。反之，如果以可育的单倍体为父本与亲本自交系或杂交种杂交，由于单倍体来自于雌配子，这样产生的杂交后代理论上即是雌配子与雌配子相结合的后代，其遗传分离所反映的则是雌配子的分离。显然，如果上述方案可行，就有可能形成介于回交选系与 DH 系之间以及二环系与 DH 系之间新的配子选系方法。另外，还有一类特殊的子粒形成期产生的加倍单倍体，这类单倍体在授粉后子粒形成过程中可能已经加倍，可以称为早期胚恢复或胚加倍单倍体（Early or Embryo Doubled Haploid），其所形成的群体是特殊的 DH 群体,可以称为 EH 群体,这类材料可以无须加倍即可直接用于组配。在此还值得注意地是单倍体与 DH 系本身也存在着一些差异,如有些单倍体和 DH 系具有很强的生长势,这类单倍体和 DH 系可以称为 Vigorous Haploid 和 Vigorous DH 系或缩写为 VH 和 VDH。而 VDH 形成机理及其在生产上的直接利用也可能会成为重要的研究选项。

基于以上分析,单倍体育种进一步的发展就可能不再仅仅是指 DH 育种,而是以 DH 为核心,集成 BH、CH、EH 等并与传统育种方法融合的新体系。这一体系具有通用性,可以用于不同规模的育种操作,因此,可以称之为全单倍体育种即 TH 育种(Total Haploid Breeding)。

3.系统优化与升级

为建立可持续且不断优化的单倍体育种系统,很重要的一个方面就是利用系统科学理论和过程控制技术对其进行持续的改进。其科学基础包括理论、技术、工程和管理等方面。系统工程与遗传育种理论是其核心内容。因此,在优化过程中要尽量保持系统的开放性,通过理论和技术创新促进系统的优化升级与更新。在此方面,一个非常重要的进展是 CENH3 变异可以诱导单倍体(Ravi,2010),基于此,Chan(2011)在美国玉米遗传学大会上提出了新的单倍体育种技术设想,利用 CENH3 突变体既可以进行孤雌生殖单倍体诱导,也可以进行孤雄生殖单倍体生产,因此可以大幅度提高单倍体生产效率。虽然此设想在实际应用尚需要一定时间,但也为更加新型高效的诱导系提供了可能性。这些理论的创新和技术的进步将可能会促使单倍体育种系统全面升级与更新。

第四节　单倍体育种技术展望

单倍体育种作为一种育种技术,其最大的优点在于能大大加快育种进程,只需要两个世代即可获得理论上的纯系,并可用于杂交种组配。这对于一直依靠系谱法历时六到七代才能选育出自交系的育种者来说,的确是十分诱人的。

掌握单倍体育种的基本理论和基本方法是开展单倍体育种所必备的。为促进国内单倍体育种技术的发展,中国农业大学于2007年召开了首届单倍体育种技术研讨会,其后又成立了由国内骨干育种单位和企业参加的全国玉米单倍体育种协作组,并发放了农大单倍体诱导系,开展了大量培训工作。目前,各单位单倍体育种的规模越来越大,年单倍体生产能力达到百万以上,DH系也有数万之多。由于时间和资源等方面的限制,育种家不可能也没有必要把所有的DH系全部测配,如何准确地从中选出优良的DH系进行测配将是育种家面临的问题。所以,研究单倍体及DH系的管理方法将显得尤为重要。

关于不同育种方法的比较,本书中已做了一定的阐述。从打破不利基因的连锁来看,以常规选育的自交系更为有利。DH系仅经过一次减数分裂,而自交系经过连续多次的减数分裂重组,有利于打破不利基因的连锁。因此,单倍体育种与传统选系方法相比是一种以规模换时间的方法,因为如果要在一次减数分裂获得所有可能的基因组合就需要较大规模。考虑到国内育种规模偏小,建议将二者结合起来,以提高选择效率。玉米育种的经验表明,不论是采用哪种方法,基础材料和适当测验种的选择都是至关重要的。为避免大量DH系测配所带来的压力,在单倍体诱导前要慎重选材,同时可以采用"测诱"结合的方法事先对基础材料的组配方向有一定了解,也可以与分子技术结合,了解基础材料的遗传背景,由此可以在一定程度上预测后代DH系的主要组配方向乃至性状表现等,从而实现定向测配和利用。

在玉米生产和种业发展过程中,玉米单倍体育种技术也可作为品种管理技术加以推广应用。通过现有亲本的全面DH化,可以使亲本更加纯化,提高种子扩繁和杂交种种子生产遗传一致性,继而可以提高玉米大田生产上杂交种表现的整齐性和产量。同时,整齐性的提高也有利于实现玉米生产的全程机械化。

基于育种系统工程化思路,新的人才培养模式也是需要考虑的问题。只有通过人才转型和创新能力的提升,才能支撑国内种业的转型和稳健发展。因此,以系统工程作为育种科学的重要生长点,丰富作物育种工程学内容,将有利于借鉴工程学科的人才培养模式,培养育种工程师或设计师,打造现代育种的将才和帅才,形成具有现代育种观念和技术的新型育种人才队伍。

总体而言,玉米单倍体育种技术在国内的发展已经到了系统构建阶段,依托系统科学的指导并持续开展相关研究与改进对构建高效而有特色的育种系统至为关键。未来仍然需要在诱导机理、新型诱导系及杂交种的选育、单倍体的准确快速鉴定、高效低毒加倍方法以及 TH 育种体系的可行性探讨乃至管理技术等方面开展工作。同时,单倍体育种技术也可以应用到其他领域,如品种设计、种质扩增和群体改良、基因组学、分子育种、转基因工程等。最终单倍体育种将会成为新的技术平台,在玉米育种技术变革中发挥更大作用。

参 考 文 献

Aman M A, Mathur D S, Darkar K R. Effect of pollen and silk age on maternal haploid frequencies in maize. *Indian J Genet*, 1981, 41(3): 362-365

Barloy D. Comparison of the aptitude for anther culture in some androgenetic doubled haploid maize lines. *Maydica*, 1989, 34: 303-308

Beaumont V H, Widholm J M. Ploidy variation of pronamide-treated maize calli during long term culture. *Plant Cell Reports*, 1993, 12: 648-651

Beaumont V H. Mapping the anther culture response genes in maize(*Zea mays* L.). *Genome*, 1995, 38: 968-975

Berger F, Hamamura Y, Ingouff M, *et al*. Double fertilization caught in the act. *Trends in Plant Science*, 2008, Vol. 13 No. 8: 437-443

Bordes J, Dumas de Vaulx R, Lapierre A, *et al*. Haplodiploidization of maize (*Zea mays*. L) through induced gynogenesis assisted by glossy markers and its use in breeding. *Agronomie*. 1997, 17: 291-297

Bordes J, Charmet G, Dumas R, *et al*. Doubled haploid versus S1 family recurrent selection for testcross performance in a maize population, *Theor Appl Genet*, 2006, 112: 1063-1072

Bylich V G, Chalyk S T. Existence of pollen grains with a pair of morphologically different sperm nuclei as a possible cause of the haploid-inducing capacity in ZMS line. *Maize Genet Coop*

Newsletter, 1996, 70:30

Chalyk S T. Properties of maternal haploid maize plants and potential application to maize breeding. *Euphytica*, 1994, 79:13-18

Chang M T. Stock6 induced double haploidy is random. *Maize Genet Coop Newsletter*, 1992, 67: 98-99

Chase S S. Monoploid frequencies in a commercial double scross hybrid maize, and in its component single cross hybrids and inbred lines. *Genetics*, 1949, 34: 328

Chase S S. Production of homozygous diploids of maize from monoploids. *Agron J*, 1952, 44: 263-267

Chase S S. Monoploids and monoploid derivatives of maize (*Zea mays L.*). *Bot Review*, 1969, 35: 117-167

Coe E H. A line of maize with high haploid frequency. *Am Nat*, 1959, 93:381-382

Choo T M, Reinbergs E, Kasha K J. Use of Haploid in Breeding Barley, *Plant Breeding Review*, 1983, 3:219-251

Corn Breeder School March 3-4, 2008, University of Illinois at Urbana-Champaign

Eder J, Chalyk S. In vivo haploid induction in maize. *Theor Appl Genet*, 2002, 104:703-708

Enaleeva N, Otkalo O, Tyrnov V. Cytological expression of ig mutation in megagametophyte. *Maize Genet Coop Newsletter*, 1995, 69: 121

Evans M M S. The indeterminate gametophyte1 gene of maize ecodes a LOB domain protein required for embryo sac and leaf development. *Plant Cell*, 2007, 19: 46-62

Fischer E. Molekular genetic studies on the occurrence of paternal DNA transmission during *in vivo* haploid induction in maize(*Zea mays* L.). (in German). Dissertation, University of Hohenheim,2004

Friedt W, Foroughi-Wehr B. Anther culture of barley (Hordeum vulgare L.): plant regeneration and agronomic performance of homozygous diploid progenies. 1981, 690-698. In: Barley genetics IV. Edinburgh Univ. Press, Edinburgh.

Gayen P, Sarkar K R. Cytomixis in maize haploids. Indian J. Genet. *Plant Breeding*, 1996, 56: 79-85

Geiger H H, *et al*. Herbicide resistance as a marker in screening for maternal haploids. *Maize Genet Coop Newsletter*. 1994, 68:99

Geiger H H, and Gordillo G. A. Doubled haploids in hybrid maize breeding. *Maydica*, 2009, 54: 485-499

Gernand D, Rutten T, Varshney A, *et al*. Uniparental chromosome elimination at mitosis and interphase in wheat and pearl millet crosses involves micronucleus formation, progressive heterochromatinization, and DNA fragmentation. *Plant Cell*, 2005, 17: 2431-2438

Grzebelus E, Adamus A. Effect of anti-mitotic agents on development and genome doubling of gynogenic onion (Allium cepa L.) embryos. *Plant Sci*, 2004,167:569-574

Guha S, Maheshwari S C. In vitro production of embryos thers of Datura. *Nature*, 1964, (204): 497

Guiderdoni E. Genetic selection in anther culture of rice (*Oryza sativa* L.). *Theor Appl Genet*, 1991, 81: 406-412

Haanatra J P W. An integrated high-density RFLP-AFLP map of tomato based on two Lycopersicon esculentum X L. ×pennellii F$_2$ populations. *Theor Appl Genet*, 1999, 99: 254-271

Hanna W W, Bashaw E C. Apomixis: its identification and use in plant breeding. *Crop Sci*, 1987, 27: 1136-1139

Häntzschel K R, Weber G. Blockage of mitosis in maize root tips using colchicine-alternatives. *Protoplasma*, 2010, 241: 99-104

Ho K M, Kasha K J. Genetic Control of Chromosome Elimination during Haploid Formation in Barley. *Genetics*, 1975, 81 (2): 263-275

Hu G S, Liang G H, Wassom C E. Chemical induction of apomictic seed formation in maize. *Euphytica*, 1991, 56: 97-105

Huang N. Development of a RFLP map from doubled haploid population in rice. *Rice Genet Coop Newsletter*, 1994, 11: 134-137

Jakše M, Havey M J and Bohanec B. Chromosome doubling procedures of onion (*Allium cepa* L.) gynogenic embryos. *Plant Cell Rep*, 2003, 21: 905-910

James A. Hawk, McDonald Jumbo, Tecle Weldekidan, *et al*. Comparson of conventional, modified single seed descent, and doubled haploid breeding methods for maize inbred line development using GEM beeding cross, 44th Annual Corn Breeder School March 3-4, 2008, University of Illinois at Urbana-Champaign

Kasha K J, Kao K N. High frequency haploid production in barley (*Hordeum vulgare* L.). *Nature*, 1970, 225: 874-876

Kato A. Nitrous oxide (N$_2$O) is effective in chromosome doubling of maize seedlings. *Maize Genet Coop Newsletter*, 1997, 71: 36-37

Kato A. Chromosome doubling of haploid maize seedlings using nitrous oxide gas at the flower primordial stage. *Plant Breeding*, 2002,121:5,370-377

Kebede A Z, Dhillon B S, Schipprack W, *et al*. Effect of source germplasm and season on the in vivo haploid induction rate in tropical maize. *Euphytica*, 2011, 180:219-226

Kermicle J L. Androgenedis conditioned by a mutation in maize. *Science*, 1969, 166: 1422-1424

Kermicle J L. Pleiotropic effects on seed development of the indeterminate gametophyte gene in maize. *Amer J Bot*, 1971, 58: 1-7

Kimber G, Riley R. Haploid angiosperms. *Bot Rev*, 1963, 29: 480-531

Kindiger B, Hamam S. Generation of haploids in maize: a modification of the indeterminate gametophyte (ig) system. *Crop Sci*, 1993, 33: 342-344

Lashermes P, Beckert M. Genetic control of maternal haploidy in maize(*Zea mays* L.) and selection of haploid inducing lines. *Theor Appl Genet*, 1988, 76: 405-410

Lashermes P, Gaillard A, Beckert M. Gynogenetic haploid plants analysis for agronomic and enzymatic markers in maize (*Zea mays* L.). *Theor Appl Genet*, 1988, 76: 570-572

Li L, Xu X, Jin W, *et al*. Morphological and molecular evidences for DNA introgression in haploid induction via a high oil inducer CAUHOI in maize. *Planta*, 2009, 230:367-376

Li W,Ma H. Gametophyte Development. Current Biology,2002, (12)21:718-721

Lin B Y. Megagametogenetic alterations associated with the indeterminate gametophyte(ig) mutant in maize. *Rev Bras Biol*,

1981, 43: 557-563

Lin B Y. Ploidy barrier to endosperm development in maize. *Genetics*, 1984, 107: 103-115

Liu Z J, Yang X H, Fu Y, *et al*. Proteomic analysis of early germs with high-oil and normal inbred lines in maize. *Mol Biol Rep*, 2009, 36: 813-821

Longin C F H, Utz H F, Reif J C. *et al*. Hybrid maize breeding with doubled haploids: Ⅰ. One- stage versus two-stage selection for testcross performance. *Theor Appl Genet*, 2006, 112: 903-912

Longin C F H, Utz H F, Melchinger A E. *et al*. Hybrid maize breeding with doubled haploids: Ⅱ. Optimum type and number of testers in two-stage selection for general combining ability, *Theor Appl Genet*, 2007, 114: 393-402

Longin C F H, Utz H F, Reif J C, *et al*. Hybrid maize breeding with doubled haploids: Ⅲ. Efficiency of early testing prior to doubled haploid production in two-stage selection for testcross performance. *Theor Appl Genet*, 2007, 115: 519-527

Martin B, Widholm J M. Ploidy of small individual embryo-like structures from maize anther cultures treated with chromosome doubling agents and calli derived from them. *Plant Cell Reports*, 1996, 15 (10): 781-785

Mihailov M E and Chernov A A. Using double haploid lines for quantitative trait analysis. *Maize Genet Coop Newsletter*, 2006, 80: 16

Murigneux A, Barloy D, Leroy D, *et al*. Molecular and morphological evaluation of doubled-haploid lines in maize. 1 Homogeneity within DH lines. *Theor Appl Genet*, 1993a, 86: 837-

842

Murigneux A, Baud S, Beckert M. Molecular and morphologica evaluation of doubled-haploid lines in maize. 2 Comparison with single-seed-descent lines. *Theor Appl Genet*, 1993b, 87: 287-290

Nanda D K, Chase S S. An embryo marker for detecting monoploids of maize. *Crop Sci*, 1966, 6: 213-215

Pescitelli S M. High frequency androgenesis from isolated microspores of maize. *Plant Cell Reports*, 1989, 7: 673-676

Petolino J F, Dattee Y, Dumas C. The use of androgenesis in maize breeding. Reprod. Biol. *Plant Breeding*, 1992, 131-138

Prigge V, Sáanchez C, Dhillon B S, *et al*. Doubled haploids in tropical maize: I. Effects of inducers and source germplasm on in vivo haploid induction rates. *Crop Sci*, 2011, 51: 1498-1506

Prigge V, Xu X, Li L, *et al*. New insights into the genetics of in vivo induction of maternal haploids, the backbone of doubled haploid technology in maize. *Genetics*, 2011, in press

Randolph L F. Note on haploid frequencies. *Maize Genet Coop Newsletter*, 1940, 14: 23-24

Ravi M and Chan W L. Haploid plants produced by centromere-mediated genome elimination, *Nature*, 2010, 464: 615-619

Rotarenco V. Production of matroclinous maize haploids following natural and artificial pollination with a haploid inducer. *Maize Genet Coop Newsletter*, 2002, 76: 16

Röber F K, Gordillo G A and Geiger H H. In vivo haploid induction in maize-performance of new inducers and significance of doubled haploid lines in hybrid breeding. *Maydica*, 2005, 50: 275-283

Saisingtong S, Schmid J E, Stamp P, *et al*. Colchicine-mediated chromosome doubling during anther culture of maize. *Theor Appl Genet*, 1996, 92: 1017-1023

Sakar K R, Pandey A, Gayen P, *et al*. Stabilization of high haploids inducer lines. *Maize Genet Coop Newsletter*, 1994, 68: 64-65

Sarkar K R, Sudha P. Development of maternal-haploidy-inducer lines in maize. *Indian J Agri Sci*, 1972, 42: 781-786

Schmidt W. Hybridmaiszüchtung bei der KWS SAAT AG (in German). In: Bericht über die 54. Tagung der Vereinigung der Pflanzenzüchter und Saatgutkaufleute Osterreichs 2003, Gumpenstein, Austria, pp1-6

Seany R R, Studies on monoploidy in maize. *Ph D Thesis*, *Cornell Univ*, *Ithaca*, *New York*, 1955

Seany R R. Monoplolds in maize. *Maize Genet Coop Newsletter*, 1954, 28: 22

Seitz G. The use of doubled haploids in corn breeding. In: Proceedings of the forty first annual Illinois Corn Breeders' School 2005, Urbana-Champaign, Illinois, USA, pp 1-8

Sharma H C. How wide can a cross be. *Euphytica*, 1995, 82: 43-64

Shatskaya O A, Zabirova E R, Shcherbak V S. Autodiploid lines as sources of haploid spontaneous diploidization in corn. *Maize Genet Coop Newsletter*, 1994, 68: 51-52

Stadler J, Phillips R, Leonard M. Mitotic blocking agents for suspension cultures of maize Black Mexican Sweet cell lines.

Genome, 1989, 32: 475-478

Styles E D, Ceska O, Seah K T. Developmental differences in action of R and B alleles in maize. *Can J Genet Cytol*, 1973, 15: 59-72

Testillano P, Georgiev S, Mogensen H L, *et al*. Spontaneous chromosome doubling results from nuclear fusion during in vitro maize induced microspore embryogenesis. *Chromosoma*, 2004, 112: 342-349

Thiebaut J, Kasha K J, Tsai A. Influence of plant development stage, temperature, and plant hormones on chromosome doubling of barley haploids using colchicines. *Can J Bot*, 1979, 57: 480-483

Ting Y C. Duplications and meiotic behavior of the chromosomes inhaploid maize. *Cytologia*, 1966, 31: 324-329

Truong-André I, Demarly Y. Obtaining plants by in vitro culture of unfertilized maize ovaries (*Zea mays* L.) and preliminary studies on the progeny of a gynogenetic plant. *Z P flanzenzuchtg*, 1984, 92 :309-320

Tyrnov V S, Zavalishina A N. Inducing high frequency of matroclinal haploids in maize. *Dokl Akad Nauk SSSR*, 1984, 276:735-738

Wan Y, Duncan D R, Rayburn A L, *et al*. The use of antimicrotubule herbicides for the production of doubled haploid plants from anther-derived maize callus. *Theor Appl Genet*, 1991, 81: 2, 205-211

Wan Y, Widholm J M. Effect of chromosome-doubling agents on somaclonal variation in the progeny of doubled haploids of maize. *Plant Breeding*, 1995, 114: 253-255

Wedzony M, Röber F K, Geiger H H (2002) Chromosome elimination observed in selfed progenies of maize inducer line RWS. In: XVIIth International Congress on Sex Plant Reproduction. Maria Curie-Sklodowska University Press, Lublin, p173

Wegenast T, Longin C F H, Utz H F, *et al*. Hybrid maize breeding with doubled haploids. Ⅳ. Number versus size of crosses and importance of parental selection in two-stage selection for testcross performance. *Theor Appl Genet*, 2008, 117: 251-260

Xu S J, Singh R J, Hymowitz T. Establishment of a cytogenetic map of soybean: progress and prospective. *Soybean genetics newsletter*, 1997, 24 p. 121-122

Xu Y. Chromosomal regions associated with segregation distortion of molecular markers in F_2, backcross, doubled haploid, and recombinant inbred population in rice (*Oryza sativa* L.). *Mol Gen Genet*, 1997, 253: 535-545

Yamagishi M. Chromosomal region scontrolling anther culturability in rice (*Oryza sativa* L.). *Euphytica*, 1998, 103: 227-234

Zabirova E R, Shatskaya O A, Shcherbak V S. Line 613/2 as a source of a high frequency of spontaneous diploidization in corn. *Maize Genet Newsl*, 1993, 67: 67

Zhang Z L, Qiu F Z, Liu Y Z, Ma K J, Li Z Y, Xu S Z (2008) Chromsome elimination and in vivo haploid induction by stock 6-derived inducer line in maize (*Zea mays* L.). *Plant Cell Rep* 27: 1851-1860

C. C. 霍赫洛夫. 单倍体与育种. 刘杰龙译. 北京: 农业出版社, 1985

敖光明,赵世绪,李广华. 从未受精的玉米子房培养出单倍体植株. 遗传学报,1982,9(4):281-283

白守信. 单倍体小麦染色体加倍的研究. 遗传学报,1979,6(2):230-232

才卓,徐国良,CHANG Ming-tang,等. 玉米单倍体育种研究进展. 玉米科学,2008,16(1):1-5

才卓,徐国良,刘向辉,等. 玉米高频率单倍生殖诱导系吉高诱系3号的选育. 玉米科学,2007,15(1):1-4

蔡旭. 植物遗传育种学. 北京:科学出版社,1988

曹孜义. 玉米单倍体胚性细胞无性系二倍化研究. 遗传学报,1983,10(4):274-279

陈绍江,黎亮,李浩川. 玉米单倍体育种技术. 北京:中国农业大学出版社,2009

陈绍江,宋同明. 利用高油分的花粉直感效应鉴别玉米单倍体. 作物学报,2003,29:587-590

陈绍江. 我国玉米单倍体育种工程化策略. 全国玉米遗传育种研讨会论文集,2010,38

陈英,陆朝福,何平,等. 籼粳杂种双单倍体的配子选择. 遗传学报,1997,24(4):322-329

甘四明,施季森,白嘉雨,等. RAPD标记在桉属种间杂交一代的分离方式研究. 林业科学研究,2001,14(2):125-130

郭乐群,谷明光,杨太兴,等. 药物诱导玉米远缘杂种孤雌生殖获得异源种质纯系及其育种研究. 遗传学报,1997,24(6):537-543

郭明欣. 玉米孤雌生殖单倍体诱导性状的QTL定位. 中国农业大学,硕士论文,2009

韩学莉. Stock6杂交诱导玉米单倍体的选育与鉴定,硕士学位论文,2006

胡启德. 诱导小麦孤雌生殖及其应用. 遗传学报，1979，6(1)：20

黄国中,谷光明. 玉米雌穗离体培养诱导孤雌生殖结实. 遗传学报,1995,22(3):230-238

黎亮，李浩川，徐小炜，陈绍江. 玉米孤雌生殖单倍体加倍技术研究进展. 玉米科学，2010，18(1):12-14，19

黎亮,玉米单倍体育种技术研究及单倍体诱导性状遗传机理探讨. 中国农业大学,博士论文,2010

黎亮，李浩川，徐小炜,陈绍江. 玉米孤雌生殖单倍体诱导效率优化方法研究.中国农业大学学报,2012,17(1):9-13

李国良,苏俊,李春霞,等.农大高诱1号对玉米不同种质和世代单倍体诱导频率的研究.玉米科学,2008,16(5):3-6

李浩川.玉米母本孤雌生殖单倍体可诱导性遗传及 DH 系评价方法研究.博士学位论文,2011

李香花，王伏林，陆青，等. 水稻光敏核不育基因 pms3 的精细定位. 作物学报，2002，28(3)：310-314

李再云,华玉伟,葛贤宏.徐传远植物远缘杂交中的染色体行为及其遗传与进化意义. 遗传,2005,27:315-324

李志武，徐惠君，叶兴国. 小麦花药培养中染色体加倍技术.作物杂志，1996，4:24-26

刘飞虎,梁雪妮. 植物孤雌生殖研究进展,世界农业,1996,20-23

刘峰,庄炳昌,张劲松,等. 大豆遗传图谱的构建和分析. 遗传学报，2000，27(11)：1018-1026

刘纪麟,马克军.诱发单倍体快速选系育种——单倍体—纯合二倍体选系方法.玉米科学 2003(专刊):70-72

刘纪麟.玉米育种学.2版.北京:中国农业出版社,2004

刘晓广,金玄吉. 孤雌生殖诱导技术在玉米育种上的利用效果. 吉林农业科学 1999，24(1):23-25

刘玉强,黎亮,陈绍江. 玉米生物诱导孤雌生殖后代 DH 群体变异

性分析.中国农业大学学报,2009,14(1):56-60

刘玉强.玉米生物诱导孤雌生殖 DH 系遗传分析及青枯病抗性研究,中国农业大学硕士学位论文,2005

刘志增,宋同明. 玉米高频率孤雌生殖单倍体诱导系的选育与鉴定. 玉米科学, 2000, 26(5): 570-574

刘志增,宋同明. 玉米孤雌生殖单倍体的诱导与父本花粉在离体萌发花粉管精核间距的相关性分析. 西北植物学报,2000(4): 495-502

刘志增.玉米孤雌生殖诱导机理与遗传探讨及高效单倍体诱导系的培育和利用.中国农业大学博士学位论文,2000

沈利爽,何平,徐云碧,等. 水稻 DH 群体的分子连锁图谱及基因组分析. 植物学报, 1998, 40(12): 1115-1122

时光春,倪王冲,张连平.中国水稻无融合生殖研究综述.莱阳农学院学报,1995,12(3):182-186

宋同明,陈绍江.植物细胞遗传学.2 版.北京:科学出版社,2009

宋同明. 玉米遗传与玉米基因突变性状彩图. 北京:科学出版社, 1989, 46-60

孙敬三,陈纯贤,路铁刚.禾本科植物染色体消除型远缘杂交的研究进展. 植物学通报,1998, 15: 1-7

王宏伟,史振声,王志斌.我国化学诱导玉米孤雌生殖育种研究与进展.玉米科学,2001,9(2):22-25

魏俊杰.玉米单倍体加倍技术及育性恢复机理初探,硕士论文, 2001

文科,黎亮,刘玉强,等. 高效生物诱导玉米单倍体及其加倍方法研究初报. 中国农业大学学报, 2006 ,11(5):17-20

文科.高效玉米单倍体诱导和加倍方法及其遗传分析.中国农业大学硕士学位论文,2003

吴晓雷,贺超英,王永军,等. 大豆遗传图谱的构建和分析. 遗传

学报，2001，28(11)：1051-1061

武振华，牛炳韬，王新宇．药用植物染色体加倍的研究进展．西
北植物学报，2005，25(12)：2569-2574

杨世杰．植物生理学．北京：科学出版社，2000，58-59

杨文鹏，柏晓光，陈泽辉．玉米双胚苗的初步观察．贵州农业科学，
1991，6：7-10

玉米遗传育种学编写组．玉米遗传育种学．北京：科学出版社，
1979

喻湘存，熊曙初，系统工程教程．北京：清华大学出版社，北京交通
大学出版社，2007

张德水，董伟，惠东威，等．用栽培大豆与野生大豆间的杂种 F_2
群体构建基因组分子标记连锁框架图．科学通报，1997，42
(12)：1326-1330

张铭堂．40 年来玉米遗传研究连屉．科学农业(台湾)．1998，40(1-
2)：53-80

赵佐宁，谷明光．化学药剂诱导玉米孤雌生殖植株的细胞遗传研
究．遗传学报，1988，15(2)：89-94

赵佐宁，谷明光．药物诱导玉米孤雌生殖获得二倍体纯系．遗传
学报，1984，11(1)：39-46

中国科学院遗传所组织培养室，等．诱导玉米花粉植株的初步研
究．遗传学报，1975，2(2)：138-143

中国科院北京植物研究所，黑龙江省农业科学院．植物单倍体育
种．北京：科学出版社，1977

附　件

附件 1　植物染色体根尖压片法

一、实验原理

植物根尖的分生细胞的有丝分裂,每天都有分裂高峰时间,此时把根尖固定,经过染色和压片,再置放在显微镜下观察,可以看到大量处于有丝分裂各时期的细胞和染色体。

二、实验目的

根尖染色体压片法,是观察植物染色体最常用的方法,也是研究染色体组型、染色体分带、染色体畸变和姊妹染色单体交换的基础。

三、实验材料

玉米的种子。

四、实验器具和药品

1. 用具

染色板,载玻片,盖玻片,指管,温度计,试剂瓶,滴瓶,镊子,解剖针,毛边纸。

2. 药品

无水酒精,70％酒精,冰醋酸,对二氯苯或秋水仙素,醋酸钠,碱性品红,石炭酸,甲醛,山梨醇,纤维素酶,果胶酶,中性树胶或油派胶(Euparal),二甲苯。

①卡诺固定液的配制:用 3 份无水酒精,加入 1 份冰醋酸(现配现用)。

②酶液的配制:以 0.1 mol/L 醋酸钠为溶剂,配成纤维素酶(2%)和果胶酶(0.5%)的混合液。

③染色液的配制

配方Ⅰ.石炭酸品红(Carbol fuchsin),先配母液 A 和 B。

母液 A:称取 3 g 碱性品红,溶解于 100 mL 的 70%酒精中(此液可长期保存)。

母液 B:取母液 A 10 mL,加入 90 mL 的 5%石炭酸水溶液(2周内使用)。

石炭酸品红染色液:取母液 B 45 mL,加入 6 mL 冰醋酸和 6 mL 37%的甲醛。此染色液含有较多的甲醛,在植物原生质体培养过程中,观察核分裂比较适宜,后来在此基础上,加以改良的配方Ⅱ,称改良石炭酸品红,可以普遍应用于植物染色体的压片技术。

配方Ⅱ:改良石炭酸品红

取配方Ⅰ.石炭酸品红染色液 2～10 mL,加入 90～98 mL 45%的醋酸和 1.8 g 山梨醇(Sorbitol)。此染色液初配好时颜色较浅,放置 2 周后,染色能力显著增强,在室温下不产生沉淀而较稳定。

五、实验说明

(1)由于取材方便,茎尖是观察植物染色体最常用的材料,有些植物种子难以发芽,或仅有植株而无种子,也可以用茎尖作为材料。

(2)植物细胞分裂周期的长短不尽相同,通常为十到几十小时,温度明显地影响分裂周期,对于一个不太熟悉的实验材料,最好在特定温度下长根,掌握有丝分裂高峰期,以便得到更多的有丝分裂的细胞。

(3)前处理的目的是降低细胞质的黏度,使染色体缩短分散,防止纺锤体形成,让更多的细胞处于分裂中期,一般在分裂高峰前,把根尖放到药剂中处理 3～4 h。可处理的药剂很多,如秋水仙素、对二氯苯、8-羟基喹啉等。

(4)解离的目的是使分生组织细胞间的果胶质分解,细胞壁软化或部分分解,使细胞和染色体容易分散压平,解离方法有酸解法和酶解法。

①酸解法是用盐酸水解根尖,步骤简便、容易掌握,广泛应用于染色体计数、核型分析和染色体畸变的观察。根尖分生组织经过酸解和压片后,都呈单细胞,但是大部分分裂细胞的染色体还包在细胞壁中间。

②酶解法常用于染色体显带技术或姊妹染色单体交换等项研究,通过解离和压片,使分生细胞的原生质体,能够从细胞壁里压出,再经过精心的压片,使染色体周围不带有细胞质或仅有少量细胞质,致使多项制片措施直接作用于染色体。

六、实验步骤

(1)将玉米的种子置于盛水的小烧杯上,放在 25℃温箱中,待根长到 2 cm 左右时,在上午 9 时摘下根尖,放到对二氯苯饱和水溶液,或 0.02%秋水仙素溶液中,浸泡处理 3～4 h。

(2)经过前处理的根尖,再放到卡诺固定液中,固定 24 h。固定材料可以转入 70%酒精中,在 4℃冰箱中保存,保存时间最好不超过 2 个月。

(3)这里介绍两个解离方法,可以根据实验需要选择使用。

①酸解:从固定液中取出大蒜或洋葱根尖,用蒸馏水漂洗,再

放到 0.1 mol/L HCl 中,在 60℃ 水浴中解离 8~10 min,用蒸馏水漂洗后,放在染色板上,加上几滴改良石炭酸品红染色液,根尖着色后即可压片观察。

②酶解:取大蒜或洋葱的固定根尖,放在 0.1 mol/L 醋酸钠中漂洗,用刀片切除根冠以及延长区(根尖较粗的蚕豆,可以把根尖分生组织切成 2~3 片),把根尖分生组织放到醋酸钠配制的纤维素酶(2%)和果胶酶(0.5%)的混合液中,在 28℃ 温箱中解离 4~5 h,此时组织已被酶液浸透而呈淡褐色,质地柔软而仍可用镊子夹起,用滴管将酶液吸掉,再滴上 0.1 mol/L 醋酸钠,使组织中的酶液渐渐渗出,再换入 45% 醋酸。酶解后的根尖,如作分带或姊妹染色单体交换,可用 45% 醋酸压片,如作核型分析或染色体计数等常规压片,可放在改良石炭酸品红中染色,经过酶处理的组织染色速度快。

(4)压片。把染色后的根尖放在清洁的载玻片上,用解剖针把根冠及延长区部分截去,加上少量染色液,并盖上盖玻片。一个解离良好的材料,只要用镊子尖轻轻地敲打盖玻片,分生组织细胞就可铺展成薄薄的一层,再用毛边纸把多余的染色液吸干,经显微镜检查后,选择理想的分裂细胞,再在这个细胞附近轻轻敲打,使重叠的染色体渐渐分散,就能得到理想的分裂相,要达到这个目的,必须掌握以下两点。

①压片材料要少,避免细胞紧贴在一起,致使细胞和染色体没有伸展的余地。

②用镊子敲打盖玻片时,用力要均匀,若在压片时稍不留意,使个别染色体丢失,而被迫放弃一个良好的分裂相的细胞。

(5)封片。把压好的玻片标本,放在干冰或冰箱结冰器里冻结。然后用刀片迅速把盖玻片和载玻片分开,用电吹风把玻片吹干后,滴上油派胶加上盖玻片封片,或经二甲苯透明后,滴中性树胶,加盖玻片封片,做成永久封片。拍摄根尖染色体的分裂相。

附件 2　秋水仙素加倍实验中的安全注意事项

　　由于秋水仙素的毒性比较大,需要引起操作人员的高度重视。这里将秋水仙素的毒性、安全注意事项以及秋水仙素的处理方法列出来,供大家参考。

1. 秋水仙素的毒害

　　秋水仙素的作用在于阻止有丝分裂细胞的纺锤丝的形成而导致加倍。

　　秋水仙素是从百合科秋水仙属的一个种,秋水仙(Colchicum autumnale)的种子及器官中提取出来的一种生物碱,其分子式为 $C_{22}H_{25}NO_6$,因有剧毒,故使用时要特别注意,切勿使溶液进入眼内或口中。

　　常见的秋水仙素中毒的症状介绍如下。

　　胃肠道症状:腹痛、腹泻、呕吐及食欲不振为常见的早期不良反应,严重者可造成脱水及电解质紊乱、出血性胃肠炎或吸收不良综合征等。

　　肌肉、周围神经病变:有近端肌无力和(或)血清肌酸磷酸激酶增高。在肌细胞受损同时可出现周围神经轴突性多神经病变,表现为麻木、刺痛和无力。肌神经病变并不多见,往往在预防痛风而长期服用者和有轻度肾功能不全者出现。

　　骨髓抑制:出现血小板减少,中性细胞下降,甚至再生障碍性贫血,有时可危及生命。

　　休克:表现为少尿、血尿、抽搐及意识障碍。死亡率高,多见于老年人。

2. 实验中的安全事项

　　(1)所有在加倍过程中接触到秋水仙素的仪器都要专门存放,

隔离,不让其他人接触。

(2)秋水仙素溶液的配制、试验材料浸泡和冲洗尽量都要在通风橱里进行。

(3)3M 全面罩呼吸保护器佩戴时,一定要拉紧,并进行正压和负压密合性试验。

(4)种子和苗浸泡后一定要用清水冲洗半小时,然后再进行下一步的操作,操作时一定要戴上口罩和手套。

(5)处理后的秋水仙素废液不要倒在下水道里,收集在棕色瓶中并贴上剧毒标签,集中处理。

3.秋水仙素的处理

秋水仙素是环境致癌物质,不能随意排放到环境中,而应该集中处理确认失效之后才能排放。

秋水仙素易吸收空气中的水分和二氧化碳生成次氯酸而失效,因此可用大量的水进行稀释,然后盛放 1 年方可失效。

也可用热碱进行处理。配制热碱浓度为秋水仙素浓度 1/10 (1/20 或者 1/50 均可),然后滴加到废液中,保证最终热碱的量大于秋水仙素的量即可。

彩图 1 玉米单倍体的田间长势图

彩图 2（正文图 3-2）利用子粒颜色进行单倍体鉴定

彩图 3（正文图 3-3）利用植株颜色和长势鉴别单倍体

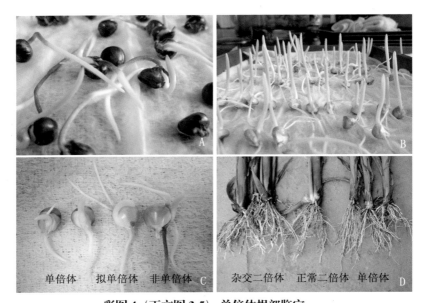

单倍体　　　拟单倍体　　非单倍体　C　　　杂交二倍体　　正常二倍体　单倍体　D

彩图 4（正文图 3-5）　单倍体根部鉴定

A. 诱导系根部颜色；B. 农大 108 根部颜色；C. 芽期单倍体与非单倍体根部颜色；
D. 苗期单倍体与非单倍体根部颜色

彩图 5（正文图 4-1）　单倍体雄穗育性的恢复

A. 完全可育；B. 多分枝可育，花药多；C. 只有一个分枝可育；
D. 多分枝可育，花药很少；E. 完全不育

彩图 6（正文图 4-2） 秋水仙素处理后幼苗表现

彩图 7（正文图 4-3） 秋水仙素处理后叶片表现

彩图 8（正文图 4-4） 秋水仙素处理后雌雄穗表现

彩图 9（正文图 4-5）　单倍体植株的田间散粉和结实情况

**彩图 10（正文图 5-5）高油杂交种 5598
后代 DH 系果穗**

**彩图 11（正文图 5-6）先玉 335 后代
DH 系果穗**

彩图 12（正文图 5-7）DH 系的田间表现

（引自刘玉强硕士学位论文，2005）

**彩图 13（正文图 5-8）DH 系不
同生育期田间表现**

（引自刘玉强硕士学位论文，2005）